GÉOGRAPHIE URBAINE

ARMAND COLIN

Dans la même collection

Rémy Baudouï, *Géopolitique du terrorisme.*
Bathélémy Courmont, *La guerre.*
Marc Dumont, *La géographie. Lire et comprendre les espaces habités.*
Philippe Hugon, *Géopolitique de l'Afrique.*
Sylvain Kahn, *Géopolitique de l'Union européenne.*
Anne Le Fur, *Pratiques de la cartographie*, 3e éd.
François Mancebo, *Développement durable.*
Jean-Pierre Paulet, *La mondialisation*, 4e éd.
Michel Périgord et Pierre Donadieu, *Le paysage.*
Martine Tabeaud, *La climatologie générale.*

Reprise des figures et composition : Yves Tremblay

Conception de maquette intérieure : Atelier Didier Thimonier

ISBN : 978-2-200-35572-2

www.armand-colin.com

Sommaire

Introduction

En 2007, le taux d'urbanisation, c'est-à-dire le pourcentage de population vivant dans les villes, atteint le seuil historique de 50 %. Cette progression se poursuit et l'on prévoit plus de 60 % en 2025 : l'expression « explosion urbaine » est désormais devenue courante. Les territoires urbains prennent des formes différentes mais, au-delà des critères de définitions, les habitants du XXIe siècle vivent désormais dans ces zones urbaines qui s'étendent comme des taches d'huile. Dans un cas sur trois, « l'urbain » est « banlieusard » et on est désormais dans l'ère de l'urbanisation universelle. Déjà, aujourd'hui, l'opposition ville-campagne devient difficile à comprendre. Pour certains auteurs, on arrive à l'époque de « l'urbain généralisé » [M. Chabas, 1996]. Pourtant des contrastes violents opposent les régions du globe car la ville reflète des cultures, une histoire, des traditions. Si l'urbanisation des « vieux » pays industriels comme l'Europe ou l'Amérique du Nord est déjà ancienne, le fait dominant est désormais l'essor urbain des pays en voie de développement. En Afrique, par exemple, la croissance est impressionnante. Si, en 1950, la population urbaine ne représentait que 15 % du total, en 2030, on prévoit plus de 55 % [source ONU].

Cette progression de l'urbanisation a deux aspects. La ville est un foyer de progrès, un pôle de concentration des services — emplois, santé éducation, culture, recherche —, c'est aussi une source d'innovation. Néanmoins, cette croissance urbaine a des effets pervers : est-elle compatible avec le développement écologique ? L'artificialisation des milieux fait disparaître la nature et s'opère souvent dans des conditions anarchiques. Andrée Corvol, évoquant une « nature » pour citadins, écrit : « mais le béton, ce n'est pas non plus l'idéal » (1997). L'urbanisation transforme les espaces en « milieux techniques » c'est-à-dire fabriqués et qui provoquent une multitude de nuisances : pollution, accumulation de déchets, accroissement des risques, etc. La croissance des villes entre désormais en conflit avec d'autres objectifs : l'épuisement des ressources naturelles ou la disparition de la faune. Dans la baie de Tokyo par exemple, la pollution des eaux a longtemps été une catastrophe. À Manille, énorme aire urbaine, l'eau est rare et il n'existe que peu d'égouts : tout naturellement, les déchets vont dans la mer !

Par ailleurs, la ville devient le refuge de la misère : les populations des zones rurales, dans les pays pauvres, mais aussi dans des nations développées, croient pouvoir trouver un meilleur niveau de vie dans les zones urbaines. Les villes des pays en développement connaissent une augmentation inquiétante des bidonvilles, sans eau, sans équipement. Comme on a pu le dire, « la croissance urbaine sera synonyme de taudis » dans de nombreux pays du « Sud » [E.L. Moreno, R. Warah, 2008]. Déjà actuellement l'Asie possède plus de 50 % de la population mondiale vivant dans ce type de quartiers…

Tout naturellement, des siècles d'urbanisation spontanée et anarchique posent la question de la ville durable qui préserve l'environnement sur le long terme et devient compatible avec la croissance économique : l'urbanisation reflète la mondialisation. Dans ces conditions, il est tout d'abord nécessaire de décrire cette croissance urbaine tout en réfléchissant sur ses causes. Il faut également s'interroger sur la diversité des systèmes urbains qui sont étroitement liés à l'histoire des peuples et aux civilisations. Enfin, il faudra constater le double visage de l'urbanisation, ses aspects positifs et négatifs : cette démarche pose le problème de la « ville durable » qui suscite des débats et des controverses justifiées.

1

Vers une urbanisation généralisée ?

L'accroissement des populations urbaines a donné lieu à toute une littérature. La complexité d'une définition de l'urbain entraîne une multitude de prédictions sur l'avenir des villes. Françoise Choay évoque la disparition de la ville occidentale et va jusqu'à donner un conseil : « Penser la non-ville et la non-campagne de demain »... On prédit donc la « mort de la ville »... C'est oublier que des continents possèdent des centaines de millions de paysans qui vivent encore dans les conditions du XVIIIe siècle : c'est le cas de l'Afrique, de l'Inde, de nombreuses régions asiatiques. D'autre part, que signifie le terme « urbain » : ne faut-il pas l'employer au pluriel car l'urbanisation est complexe, diversifiée ? En effet il existe de nombreux types d'environnement urbain et l'on essaie de qualifier ces « milieux techniques » qui s'élaborent depuis le XIXe siècle.

On évoque donc, aujourd'hui, couramment, la « disparition de la ville » face à cette urbanisation diffuse ; pourtant le mot « urbain » veut toujours exprimer une façon de vivre, de penser, de travailler, de se loger mais il devient vague et trop général. La notion de « centre-ville » se modifie également car l'urbanisation est éclatée. Il existe pourtant une réalité, à l'ère de la mondialisation : les très grandes cités sont souvent des centres de décision et de commandement. Cette urbanisation est si complexe, si hétérogène, si variée qu'il est dangereux de ne pas voir une concurrence entre les systèmes spatiaux. Les philosophes, les sociologues ont tenté de décrire l'*homo urbanus* : il existe peut-être des points communs entre les habitants des zones urbaines mais comment mettre dans la même catégorie le citadin aisé, travaillant dans le centre de New York et l'habitant d'une misérable banlieue du Caire ?

I. Une priorité : définir la complexité

L'étalement urbain et la diversité des modes d'occupation du sol dans le monde provoquent, chez les chercheurs des sciences humaines, un désir de trouver des mots, des expressions pour caractériser cette évolution sans précédent. Ainsi, les critères de l'INSEE varient régulièrement ; on a pu évoquer, à juste titre, cette « profusion de néologismes conceptuels (ville émergente, métapole, etc.) » [M. Dumont, A. Basse, 2008]. On a surtout beaucoup de mal à qualifier la périurbanisation : « l'entre-deux des villes ». De même, suivant les pays, les cultures, le passé historique, les cités sont très contrastés. Dans ces conditions, il convient de connaître quelques termes et des expressions couramment employées même si elles sont discutables.

- *Ville*

Le mot, ancien, est difficile à définir. En effet, aujourd'hui, les zones urbanisées sont si variées qu'il faut toujours préciser le type d'espace dont il s'agit. Le concept de ville correspond à des espaces bâtis et transformés qui s'opposent aux zones rurales qui l'entourent. D'une manière générale, la ville se caractérise par de fortes densités de population. La notion se fonde sur différents critères : les fonctions par exemple sont essentielles ; celles-ci sont surtout commerciales, politiques, industrielles et intellectuelles. La différence entre la ville et la campagne, en France, est ancienne et administrative.

- *Faubourg*

En français, ce terme, aujourd'hui peu employé, a néanmoins une importance capitale. Le faubourg est, à l'origine, une construction bâtie à l'extérieur de la ville dont les limites (remparts, fortifications, etc.), étaient autrefois très strictes. *Foris*, en bas latin, veut dire « dehors ».

La connotation a longtemps été péjorative, compte tenu des populations pauvres qui habitaient ces lieux. En réalité, le faubourg est « au-delà des murs » : c'est la phase primitive de l'extension urbaine.

- *Banlieue*

L'extension de l'habitat urbain a multiplié les appellations concernant ces espaces périphériques, entourant les centres. Le mot « banlieue » date du début du XIIIe siècle et désigne l'espace d'une lieue autour de la ville, bien délimitée par des murs et où s'exerce le droit de ban, c'est-à-dire le pouvoir du seigneur. Au XVIIe siècle, le mot désigne les villages et les campagnes entourant une grande ville. Aujourd'hui le terme est couramment employé, dans le langage habituel, pour désigner les zones suburbaines proches. Déjà, en 1970, Pierre George, dans son remarquable *Dictionnaire de la géographie*, expliquait qu'il faut distinguer « des générations successives de banlieues qui s'insèrent à l'intérieur des auréoles ou couronnes suburbaines ».

- *Agglomération*

Au sens statistique, c'est le territoire qui se caractérise par la continuité du bâti ; aucun espace construit ne doit être éloigné de son voisin de plus de 200 mètres. En France, une agglomération de plus de 2 000 habitants est une *unité urbaine*. Ce seuil varie suivant les pays : 2 500 aux États-Unis, 1 000 au Canada ou 50 000 au Japon.

- *Agglomération morphologique*

C'est le continuum bâti, à forte densité de population. Il faut y joindre les grands espaces verts, les zones industrielles et les aéroports ou les infrastructures portuaires.

- *Régions urbaines fonctionnelles*

À l'extérieur de l'agglomération morphologique, la zone périurbaine se définit comme un bassin d'emploi ou « bassin de main-d'œuvre ». Ces zones doivent avoir un certain pourcentage de population active travaillant dans l'agglomération économique principale.

• *Aire urbaine*

Selon la définition statistique de l'INSEE, ce terme désigne un ensemble de communes d'un seul tenant, dominé par un pôle urbain ; autour de celui-ci, on a des quartiers urbains rattachés par les migrations pendulaires. Aux États-Unis, ces espaces ont plusieurs définitions. Les aires urbaines reposent sur deux facteurs : le critère d'emploi et l'attraction. En France, la couronne périurbaine comprend des communes dont plus de 40 % des actifs résidents travaillent dans le pôle urbain principal ou les pôles secondaires.

• *Métropole*

En France, le mot a un sens particulier car il désigne les capitales régionales qui doivent concurrencer Paris dans le cadre de l'aménagement du territoire. Aux Etats-Unis, l'origine est différente : la métropole est un quartier d'affaires situé au centre de la ville ; les classes favorisées émigrent vers les banlieues.

• *Mégapole*

C'est un ensemble urbain important : le seuil de population, d'après l'ONU, est fixé à huit millions d'habitants mais les chiffres varient suivant les auteurs. L'idée maîtresse est la taille et le gigantisme ; ces agglomérations ne sont pas forcément des villes dominantes. C'est souvent ce qui se produit dans les pays en voie de développement.

• ***La mégalopole***

L'erreur à éviter est de confondre ce type d'agglomération avec la mégapole. Si la mégalopole est, aussi, très vaste, très peuplée, elle se caractérise par des fonctions dominantes : concentration des capitaux, des sièges sociaux, des différents pouvoirs. Le terme provient de la fameuse expression de J. Gottmann parlant de la « mégalopolis nord-américaine correspondant à ce chapelet de villes entre Boston et Washington ». Il existe aujourd'hui d'autres mégalopoles depuis l'Europe du Nord-Ouest jusqu'à l'Asie (Tokyo-Séoul). Ces mégalopoles sont des aires urbaines complexes qui englobent divers pôles et des zones peu dynamiques voire marginales.

- *Métapole*

François Asher parle de *métapolisation* : par ce terme, il entend l'ensemble des espaces dans lesquels les habitants sont « intégrés » dans le fonctionnement d'une métropole. C'est un bassin d'emplois qui doit posséder au moins des centaines de milliers d'habitants. Cette métapole reflète la ville moderne, flexible, complexe, sans cesse en transformation.

- *Ville globale*

On connaît le sens du mot *globalisation* qui indique un processus économique s'appliquant à toute la planète. La ville globale est un centre de pouvoir qui domine des activités dispersées dans le monde. Pour Saskia Sassen, ces villes sont au sommet d'une hiérarchie (1996).

Du *centre* aux périphéries

La psychologie de l'espace demeure une approche essentielle pour comprendre la diversité urbaine. Abraham A. Moles l'explique fort bien en écrivant « La ville, par la valeur d'attraction de son centre, se différencie fondamentalement du tissu urbain, auquel ont pu vouloir l'assimiler hâtivement certains planificateurs. La ville n'existe réellement que par son centre et plus précisément par la dialectique centre/quartier ». La ville s'oppose en définitive au « tissu urbain » discontinu (1998) : la notion de *centre* demeure donc fondamentale. L'occupation de l'espace est faite d'oppositions, de ruptures, de dissymétries. Comme l'indiquait parfaitement Roger Brunet, « l'espace est zébré de lignes de fractures [...] La continuité apparente de l'espace ne va pas sans sauts, parfois brutaux » (1987). On retrouve avec les villes la question traditionnelle : qui commande ou plus exactement qui décide ?

Dans ces conditions, cette révolution urbaine surprenante pose de multiples problèmes d'autant que cette urbanisation est un événement relativement récent. Il faut savoir qu'en 1950 le pourcentage d'urbains, à l'échelle mondiale, n'atteignait pas 30 %. Aujourd'hui, dans les pays en voie de développement, la population agricole est toujours importante. George Chabot, en 1952, dans son ouvrage sur les villes, pouvait encore écrire « toute la vie humaine repose, en effet, sur la fonction rurale, seule fondamentale, qui assure la subsistance [...]. Il doit exister une limite à l'urbanisation et, en fait, dans l'histoire, les poussées urbaines se sont arrêtées d'elles-mêmes ».

2. Une « explosion » relativement récente

En 1800, moins de 4 % de la population mondiale était urbanisée et, en 1950, 70 % demeurait encore rurale. À la même époque, une seule ville dépassait 10 millions d'habitants : New York (on en aura 23 vers 2015...). La ville est un phénomène très ancien et, plusieurs milliers d'années avant J.-C., on trouvait déjà de belles cités en Syrie, en Égypte, dans l'Indus ou en Chine. Toutefois il s'agissait de lieux très nettement circonscrits et délimités.

2.1 Jusqu'au XIXe siècle, des espaces bien délimités

Dans tous les pays, la ville est demeurée longtemps entourée de remparts. Ainsi, Paris est un exemple significatif. En effet, la cité a vu se multiplier les enceintes depuis la période gauloise, le Moyen Âge, jusqu'à l'enceinte de Thiers (1844), démolie en 1919. Ces fortifications jouaient un rôle majeur, militaire, car il fallait protéger la ville ; dès le franchissement des portes, on pénétrait dans la campagne. À Paris, au XIXe siècle, existait la fameuse « zone », c'est-à-dire une bande de terre, au-delà du mur d'enceinte : elle était inconstructible. Son rôle était de dégager la vue et d'apercevoir, à partir des murailles, ce qui pouvait arriver. Peu à peu ces espaces périphériques vont devenir le refuge des pauvres, les « zonards ». Après 1918, ces territoires seront bâtis ; on va y construire des HBM, c'est-à-dire des habitations bon marché. En définitive l'étalement urbain, même de Paris, dans l'une des plus importantes villes du monde à ces époques, sera tardif. La capitale, avant les travaux d'Haussmann, a une superficie réduite : 3 288 hectares. On pourrait donc multiplier les exemples : ainsi, Madrid aura une superficie qui ne va pas changer pendant des siècles. Il en sera de même, beaucoup plus longtemps, dans les nations peu développées : ainsi Lagos, au Nigeria, n'avait, vers 1860, que 5 000 habitants mais déjà 40 000 en 1901 (la ville dépassera les 20 millions en 2015). Toutes les cités des pays du « Sud » ont connu un essor à la fin du XIXe siècle mais surtout depuis le XXe siècle. Casablanca, au Maroc, a été une « ville champignon » au XXe siècle qui n'avait que 20 000 habitants en 1900.

2.2 La révolution industrielle, les progrès rapides de l'urbanisation

L'urbanisation s'est développée au XIXe siècle en Europe avec la première révolution industrielle. D'autres régions ont également connu cet essor : les pays colonisés, l'Amérique du Nord, le Japon, etc. L'accroissement des contacts entre les régions du monde accélère l'urba-

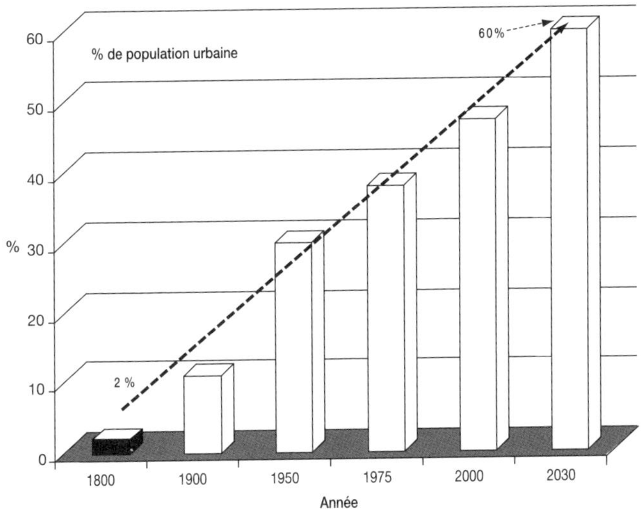

La population urbaine : 1800 à 2030

nisation ; la première phase de la mondialisation, l'internationalisation, se traduit par la croissance des flux, l'extension du commerce et l'exode rural. Les progrès des transports permettent le peuplement des États très vastes comme le Canada, les États-Unis, et développent une périurbanisation. Quoi qu'il en soit, la population urbaine n'a pas cessé de s'accroître depuis le XIXe siècle mais c'est surtout au XXe siècle, après la deuxième guerre mondiale, que le mouvement s'accélère.

Le pourcentage de population rurale est encore élevé à l'échelle mondiale en 1950 : plus de 70 %. Toutefois, à cette époque, les pays encore sous-développés en Asie ou en Afrique ont une très large majorité de population agricole.

Population urbaine en % du total	**1950**	**1970**	**1990**	**2000**	**2010 (projections)**
Monde	29,8	36,8	43,5	47,2	51,5
Afrique	14,7	23,1	31,8	37,2	42,7
Asie	17,4	23,4	32,2	37,5	43,0
Europe	52,4	64,6	72,1	73,4	75,1
Amérique latine et Caraïbes	41,9	57,6	71,1	75,4	79,0
Amérique du Nord	63,9	73,8	75,4	77,4	79,8
Océanie	61,6	71,2	70,8	74,1	75,7

Ces statistiques, exprimées en pourcentage, cachent néanmoins une réalité : d'ici à 2030, compte tenu de l'accroissement rapide des populations de ces régions, c'est le « Sud » qui possédera le plus d'urbains.

L'Europe et les vieux pays industriels, déjà fortement urbanisés, auront toujours une importante population urbaine. Toutefois, l'essor démographique est plus rapide dans les nations du « Sud » et cette croissance profite essentiellement aux villes. L'augmentation dans les pays en voie de développement se poursuit avec des rythmes impres-

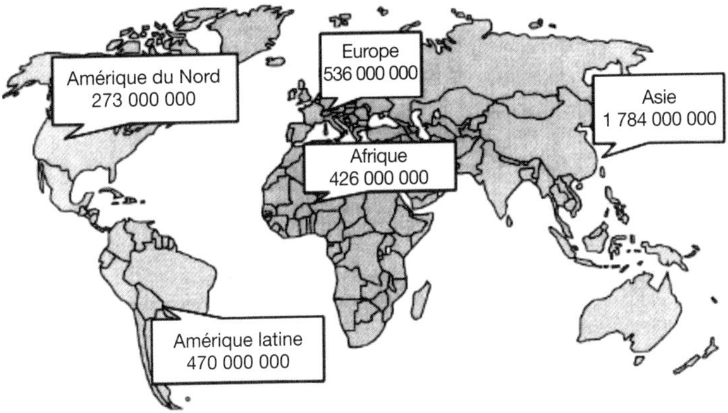

La population mondiale en 2010

sionnants : actuellement, en moyenne, la population urbaine augmente de 2,7 % par an ; cette augmentation n'est que de 0,4 % dans les états plus développés. Dans les nations plus riches, la croissance urbaine sera très lente compte tenu du fort pourcentage actuel de citadins.

3. Des « centres » et des périphéries

L'étalement des villes ne doit pas masquer le rôle toujours déterminant des centres. Pour diverses raisons, ils occupent une place importante aussi bien par le patrimoine, les souvenirs, que par leurs fonctions.

3.1 Les centres : des lieux de décision et des symboles

Le terme de « centre », déjà évoqué, est important : il existe en effet une véritable hiérarchie. Ce pôle, dans une ville globale, est un point d'attraction universel. Il symbolise la ville elle-même car il existe souvent un « noyau historique » dont la réputation est mondiale, qu'il s'agisse de Londres, de Paris ou de Moscou. Les monuments sont parfois sacralisés et reflètent toute une histoire : il en est ainsi pour les édifices religieux. Les villes arabes, par exemple, se sont développées à partir de la mosquée principale, avec les écoles coraniques : les commerces les plus nobles entourent ce monument. Au fur et à mesure que l'on s'éloigne de la mosquée, on trouve des commerces moins « nobles » comme l'alimentation ou des artisanats divers. À chaque civilisation correspond un urbanisme original : les bâtiments peuvent être la preuve d'une identité nationale. Les exemples sont nombreux depuis Venise ou Rome avec le Vatican et ses superbes monuments. Le tourisme reflète bien cette attraction : comme on l'a remarqué à « Paris, Londres, Rome, Athènes la majorité des touristes séjourne dans la ville même qu'ils visitent en priorité » [J.P. Lozato-Giotart, 2003]. Ces noyaux historiques jouent donc toujours un rôle important. Wall Steet, le Parlement de Londres et Big Ben ou Victoria Tower attirent des millions de personnes. Les Champs-Élysées, en France, attirent plus de 100 millions de visiteurs chaque année avec des magasins « haut de gamme ».

Ces centres anciens et des quartiers plus modernes concentrent les affaires de niveau international, les sièges sociaux et les hôtels de luxe. De grandes avenues sont célèbres dans le monde. La Ve Avenue à New York, Bond Street à Londres reçoivent les enseignes internationales les plus connues. « On assiste à l'émergence de destinations de shopping international » explique John Strachon, directeur du département commerce de Cushman & Wakerfield.

« La folie mondiale des gratte-ciel »

Désormais le prestige joue un rôle essentiel et les gratte-ciel, en évitant l'étalement urbain, deviennent des « centres » à la fois impressionnants et très pratiques. Ces tours « peuvent booster le dynamisme d'une ville en permettant à des sociétés d'y trouver les mètres carrés nécessaires à leur implantation » [M.D. Albert, 2007]. Le gratte-ciel évoque la rentabilité, le prestige. Toutes les grandes villes rêvent de « copier Manhattan. Le cours de l'histoire va vers le haut car c'est la seule façon de répondre au besoin de densité » [P. Katz, KPF]. On vante désormais les qualités écologiques des tours. À New York, la construction des gratte-ciel est précoce (1848) mais, désormais, ce type de bâtiment gagne la planète entière du Moyen-Orient à l'Asie. Hong Kong a devancé New York par le nombre de ces buildings et, Singapour occupe la troisième place devant Istanbul et São Paulo. À Dubaï, aux Émirats arabes unis, une tour de plus de 700 mètres devrait devenir le plus haut gratte-ciel du monde. Dans ces conditions, les « centres » se multiplient et prennent des formes différentes : CBD, noyau historique ou commercial. En revanche, ces centres peuvent se dégrader : c'est un phénomène mondial. Dès les décennies 1970, c'est le cas de certains vieux quartiers de Marseille : même la célèbre Canebière a perdu ses hôtels et ses commerces de qualité. Pourtant, depuis les années 1990, l'évolution est plus positive. On pourrait citer de nombreux exemples dans tous les pays et souvent ces centres deviennent une véritable « mosaïque » de populations. En Chine, à Shanghai, le vieillissement des quartiers anciens a été frappant. Des densités de population considérables traduisent ce malaise. La superficie habitable, dans la cité, était de 6,4 m^2 par personne à la fin des années 1990. Cette situation a entravé le développement des fonctions de CBD. La cause de cette situation ? Ces vieux arrondissements urbains ont longtemps concentré des entreprises industrielles avec les effets pervers habituels : pollution, absence de services et de logements de qualité. La rénovation urbaine sera donc capitale pour la ville de Shanghai. Cet exemple illustre bien la diversité des situations.

3.2 Les prix fonciers : l'élément déterminant

La valeur d'un espace, d'un terrain, d'un logement reflète clairement la composition sociale d'un quartier : les prix opèrent une sélection. À l'échelle nationale, en France, des différences apparaissent entre les villes suivant leurs situations et leur dynamisme.

En France, les prix des logements peuvent varier de manière importante suivant les régions. Ainsi, entre Paris (en moyenne) et Cannes, qui vient en seconde position, on a un écart de plus de 1 600 euros !

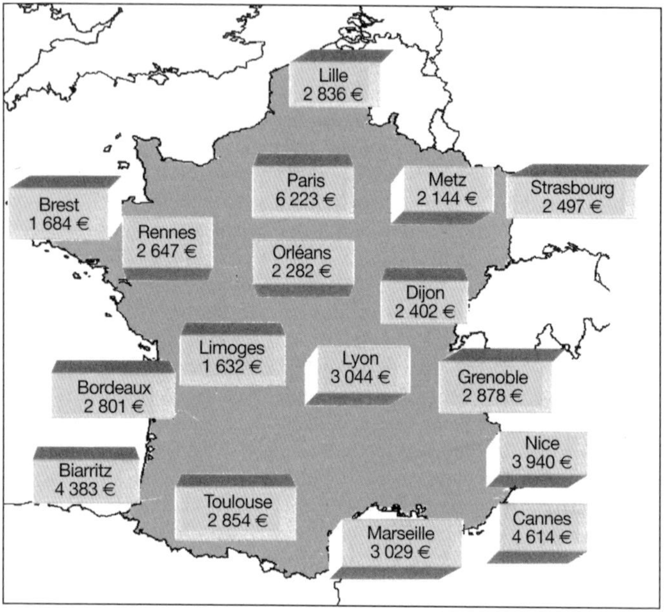

Le prix des logements dans quelques villes de France

Si l'on considère l'échelle locale, à l'intérieur d'une ville, les disparités sont naturellement considérables. À Paris « intra-muros », ces écarts traduisent la façon dont les marchés perçoivent la valeur des logements.

L'opposition entre l'est et l'ouest est très marquée et les prix élevés du « centre » (Ier, IVe, VIIe, VIe, V^e^ arrondissements), montrent bien que ce type de quartier est réservé aux personnes ou aux entreprises qui peuvent payer ces prix élevés. On comprend, dans ces conditions, que la hausse des prix de l'immobilier conduise les acheteurs ou les locataires à se loger de plus en plus loin du centre des villes : c'est toute la question de la périurbanisation.

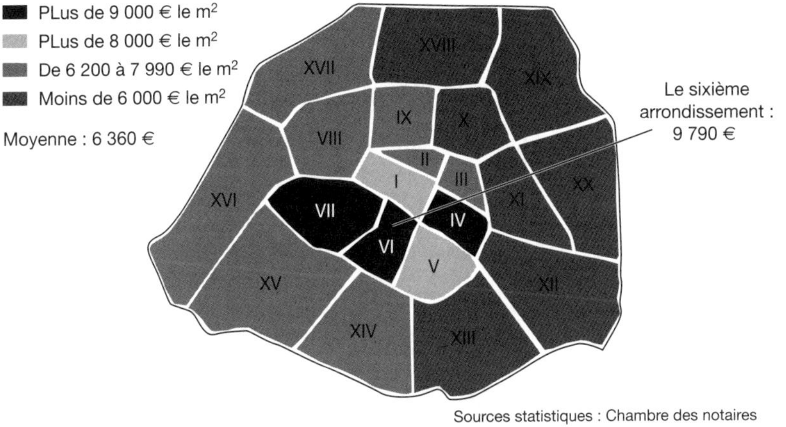

Prix du mètre carré des appartements anciens à Paris (quatrième trimestre 2007)

3.3 Une question difficile : où s'arrête la ville ?

Toute une terminologie, déjà évoquée, tente de trouver des noms aux différentes formes de la périurbanisation. Si le terme de « banlieue » veut décrire une zone relativement proche du centre, en France il est employé d'une manière générale pour désigner les espaces périphériques. On se heurte souvent à deux difficultés : d'une part, il existe des générations de formes mais souvent anarchiques et, suivant les conditions géographiques et historiques, les villes sont très différentes. Il faut donc comprendre les similitudes et les caractères spécifiques. Par ailleurs, la pression démographique et le prix des terrains et des logements opèrent une sélection impitoyable. D'autre part, la dissociation entre le lieu de l'habitat et celui du travail et les progrès des transports permettent de se loger de plus en plus loin de la ville elle-même. On oublie trop souvent de développer un problème capital :

l'occupation de l'espace dépend des prix fonciers et des moyens des personnes pour se loger. Le vieux principe du rapport entre cherté et rareté est de plus en plus valable. Il faut connaître les diverses définitions que l'on élabore pour désigner les formes spatiales urbaines. La question des limites est difficile à expliquer et les transitions entre la ville-centre, la banlieue et les couronnes sont souvent trop vagues pour apparaître clairement.

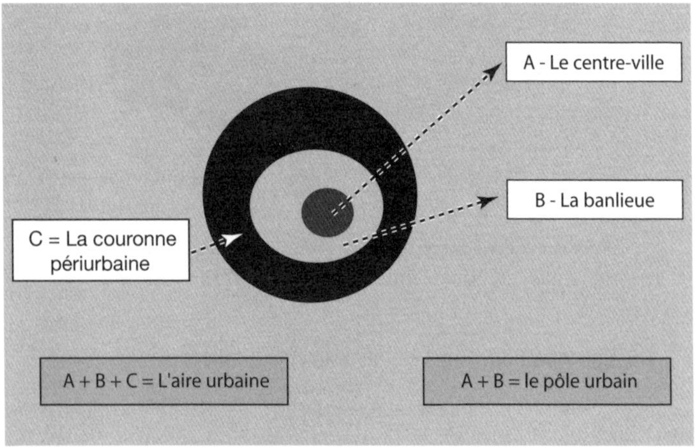

De la ville à la campagne

Le tissu urbain des constructions discontinues n'a fait que s'accroître ainsi que l'artificialisation (près de 5 % d'augmentation entre 1990 et 2000). Claude Chaline évoque une « périurbanisation mal maîtrisée par les collectivités locales parfois sensibles aux retombées de la taxe professionnelle est aussi responsable du désordre très fréquent des entrées de villes [...] On dénombre, en 2005, 259 projets d'aménagement commercial en périphérie » (2005).

Les « entrées de ville » : le symbole de « l'horreur paysagère »

Toutes les villes des pays riches ou en voie de développement connaissent cette anarchie de construction qui caractérise la périphérie des agglomérations. Ces espaces sont très recherchés pour de multiples raisons. En 1998, un rapport sur « la gestion des espaces périurbains », dirigé par Gérard Larcher, a expliqué que ces zones se développaient car elles reçoivent des activités qui ne peuvent s'établir dans les agglomérations. Il s'agit des « activités les moins nobles, les plus perturbatrices, en termes de nuisance sonore, de circulation et de production de déchets ». À la laideur s'ajoutent les effets sur l'environnement. Les « grandes surfaces » sont toujours représentées mais les activités sont multiples. Depuis les terrains de sports, de loisirs, les garages, les cimetières ou diverses industries. Monsieur Ambroise Dupont, sénateur, dans un rapport sur ce sujet, écrit très justement « qu'historiquement 'entrer en ville' relevait d'un parcours qui menait la campagne au cœur de la cité. Il se voulait initiatique et représentatif des 'splendeurs de la ville'. » On parle plutôt aujourd'hui de « l'abomination » de ces entrées de ville…

Comme ce fut le cas très souvent, aussi bien dans les pays développés que dans les « Sud », ces « entrées de ville » n'ont pas fait l'objet de politique d'urbanisme : l'intérêt économique avant tout. Cet exemple des erreurs commises n'est qu'un aspect, parmi d'autres, des caractères de la périurbanisation.

3.4 Les banlieues : des décennies d'erreurs

Le terme de banlieue, très vague aujourd'hui, a toujours une valeur sentimentale, en France en particulier. Ce mot ancien est aujourd'hui complété par tout un vocabulaire qui tente d'écrire les différentes formes de l'étalement urbain. On doit pourtant se poser la question de savoir qu'elle est l'évolution de ces zones périurbaines surtout à partir de la fin du XIXe siècle en Europe.

À l'origine, en Europe, c'est l'industrie qui s'est installée dans les espaces périurbains, à l'écart de la ville. Dès la seconde moitié du XIXe siècle, à Paris, la Seine-Saint-Denis est le meilleur exemple de ces installations. Elles s'implantent le long des axes de communication, près des canaux et dans des plaines. On va voir successivement apparaître le textile, les industries chimiques puis la métallurgie au début du XXe siècle. Ces banlieues seront des quartiers où la vie est difficile : fumées d'usines, insalubrité, taudis, etc.

Quelques exemples parisiens

En 1950, Armand Colin publiait un ouvrage collectif sur les banlieues de Paris. Ce livre est intéressant pour de nombreuses raisons ; il s'agit d'une certaine manière d'un ouvrage retraçant l'histoire de certaines banlieues : on comprend mieux les origines. Pierre George remarque : « Pour Paris, le développement de la banlieue au sens commun du mot s'inscrit dans le cadre chronologique des cinquante dernières années » : autrement dit depuis 1900. La « première cause de l'éclatement des grandes villes » est la « construction de grandes usines ». Les petites entreprises artisanales emploient peu de personnel et se maintiennent dans la ville ; en revanche l'usine moderne (à l'époque) a besoin de beaucoup de main-d'œuvre et d'espace. Elle s'installe donc à la périphérie de la ville en se spécialisant. H.D. Elhai, dans un chapitre du livre intitulé « Les HBM de la porte d'Aubervilliers » écrit : « L'industrialisation se poursuivra de part et d'autre des fortifications. L'arasement de celles-ci rendra les communications plus aisées et permettra la construction des HBM. » Ces immeubles bon marché sont en briques rouges et beiges. Cependant, déjà l'époque, on se méfie de ces grands immeubles : « Il faut empêcher que l'on construise ces abominables maisons à étages qui feraient une ceinture de pierre à la ville de Paris » [B. Lévy].

[George P. (dir.), « Études sur la banlieue de Paris », *Cahier de la fondation nationale des sciences politiques*, Paris, Armand Colin.]

En Europe et dans les nations les plus aisées, surtout après la deuxième guerre mondiale, les besoins de logements et les théories des architectes sont à l'origine des cités hérissées de tours qui vont devenir rapidement le symbole de l'échec. Des projets prétentieux (on a parlé « d'empilement de poupées russes »...) vont accumuler des populations autour des villes. Le plus souvent, il s'agit d'horreurs architecturales qui ont le défaut d'entasser les habitants. Après la deuxième guerre mondiale, les besoins en logement sont considérables : il a fallu plus tard recevoir les rapatriés d'Algérie ou les immigrants. Ces bâtiments possédaient l'eau courante, l'électricité et le chauffage mais il a fallu placer le plus de monde possible sur un minimum d'espace... En France, par exemple, les utopies des « Trente Glorieuses » reposent sur l'élaboration des « grands ensembles » qui sont à la mode dans les années 1960. Ainsi la « muraille de Chine », édifiée à Saint-Étienne, entre 1961 et 1965 pour remédier à la crise du logement, n'est qu'un exemple de cette prolifération de tours que l'on a désignées comme des « clapiers humains » : c'est ainsi que « triomphe le parpaing aggloméré » [F. Choay]. Au gigantisme s'est ajouté, suivant les vœux des architectes modernes, travaillant souvent en dehors des urbanistes, des immeubles sans véritables rues, dénués de commerces avec des « espaces verts » isolant les immeubles les uns des autres. Le concept de « quartier », qui est pourtant fondamental, a disparu. On va retrouver en France les mêmes erreurs avec les « villes nouvelles » (Évry, Cergy-Pontoise, Melun-Sénart, etc.) Pour suivre l'exemple des Anglais, le projet de « villes jardins », à 40 km de la capitale, a été adopté : il faut empêcher la ville d'être trop engorgée par une urbanisation périphérique. On connaît désormais les défauts de ces cités : absence de centre vivant, présence de vastes espaces vides, construction de tours et de barres gigantesques, etc.

À la fin du XXe siècle, on a tiré les leçons de ces erreurs : c'est ainsi que débute une phase de destruction car il faut supprimer ces immeubles : destruction de la « muraille de Chine », de la « locomotive » à Belfort et de divers logements à Vénissieux, Gennevilliers, Mantes-la-Jolie ou les « Minguettes » à Lyon. Avec la disparition de ces immeubles, on est entré dans la phase de « déconstruction » ! Aujourd'hui, l'urbanisation périurbaine revêt des formes diverses ; la croissance démographique maximum se situe à 25 km des agglomérations : elle était seulement à 15 km dans la dernière décennie du XXe siècle. Cette croissance est souvent à la limite des zones urbaines proprement dites ; il s'agit de « rurbains » qui logent dans des campagnes proches des agglomérations. Cet éloignement est obligatoire pour les catégories les plus démunies. Bien entendu, dans les centres des villes, existent toujours, comme à Paris, des quartiers pauvres, insalubres : dans cette capitale un habitant sur huit a un revenu inférieur au seuil de pauvreté et les sans-domicile fixe sont plus de 10 000. Cependant, d'une manière générale, l'éloignement est obligatoire.

La Rose des Vents

Aulnay-sous-Bois (Seine-Saint-Denis) dans la « petite couronne » parisienne, constitue un modèle classique qui résume les problèmes d'une banlieue d'un pays européen. Ce quartier fut construit dans les années 1960 afin de loger des ouvriers d'une usine automobile employant des travailleurs immigrés. Les 3 000 logements sociaux furent rapidement édifiés d'où le nom d'origine de « cité des 3 000 » ! Avec les crises, les fermetures d'usines, les populations émigrées ont augmenté et ce quartier va se trouver à l'écart de la ville car les ménages plus aisés sont partis : cette « Rose des Vents » va donc accumuler les problèmes : chômage très important, familles nombreuses, échecs scolaires, etc. On peut parler, suivant un terme désormais classique, de « fracture urbaine ». En France, la « politique de la ville » évolue suivant les gouvernements et les idéologies. La spécificité française provient de divers facteurs comme l'urbanisation relativement tardive (pour un pays industriel), la complexité administrative, les disparités régionales ou la polarisation marquée de l'Île-de-France. Même si le concept de « grand ensemble » a été jugé « flou », les habitants de ces barres et murailles se moquent des querelles de définitions. Quoi qu'il en soit, ces constructions périphériques ont accentué le communautarisme. Françoise Chandernagor, dans un ouvrage, évoque les cités d'Évreuil, et les « délires » des Trente Glorieuses : l'architecte qui a conçu ces tours et ces barres vantait « la rigueur de l'industrialisé » et « l'écriture contrapuntique » : en français, cela signifie des immeubles de 25 000 fenêtres ! On voit tout l'intérêt de cette « cité de demain » ! [*La Sans Pareille*, Gallimard, 1999].

Cette « banlieusardisation », comme on a pu l'écrire, est un phénomène mondial et la diversité devient la règle. Néanmoins, cette hétérogénéité est à la fois sociale et fonctionnelle. Des banlieues pavillonnaires aux ensembles collectifs, des espaces de résidences les plus aisées jusqu'aux banlieues industrielles, les paysages reflètent le développement économique d'un pays. Pourtant un phénomène progresse, surtout dans les « Sud » : il s'agit de la pauvreté et des espaces d'exclusion. La périurbanisation correspond aux besoins d'espace des sociétés contemporaines. La cherté des prix ou/et la volonté de vivre plus près des campagnes ont entraîné, dans tous les pays du monde, un exode massif vers les « banlieues », pour employer un terme désormais usuel. Ces migrations sont « choisies » ou « subies » car tout dépend du niveau de vie des ménages. Les quartiers périurbains peuvent être peuplés de familles aisées, de classes moyennes ou de catégories défavorisées. Le vieux mot français de « taudis » convient très bien pour désigner des logements misérables (le mot date du XVe siècle et désignait les abris occupés par les ouvriers au cours d'un siège…). Dans les pays du Sud, les taudis s'étendent rapidement et des masses considérables de populations pauvres s'entassent dans ces marges urbaines.

2

Une hiérarchie des villes

Antoine Bailly pense que « la dominance territoriale reflète [...] des mécanismes complexes qui permettent d'utiliser les différenciations spatiales pour créer développement et par contrecoup marginalisation sociale et spatiale. » (1994) : il faut en effet employer le terme de « dominance » plutôt que de « domination » qui est ambigu et se prête à la polémique. L'urbanisation correspond à une densification croissante des populations en laissant à l'écart des périphéries qui se désertifient. La notion d'espace polarisé convient parfaitement au système urbain qui s'organise en réseau et des structures hiérarchiques : les villes reflètent la globalisation et jouent de plus en plus un rôle majeur. Ce n'est pas uniquement l'importance de la population qui explique cette domination. La métropole est un centre de pouvoir grâce à des réseaux, une organisation économique, culturelle. Comme l'avait montré François Perroux, la « croissance économique n'apparaît pas partout à la fois. Elle se manifeste en des points ou pôles de croissance avec des intensités variables ».

I. Un « archipel mégalopolitain mondial » (AMM)

On connaît le fameux terme de *triade* qui désigne les trois centres dominants de la mondialisation : l'Amérique du Nord, le Japon, l'Union européenne. Les villes doivent se replacer dans ce système planétaire. Cette triade réalise 80 % du commerce mondial et représente le centre financier mondial. On retrouve la notion de centre : par ce terme, on désigne « un lieu de rassemblement et de concentration, un lieu où ce qui se passe est important, un lieu d'action et d'interaction maximum.

Il concentre population, emplois, richesses, connaissances, information, culture, capacité d'innovation économique, scientifique et culturelle » [J.M. Hariot, J. Perreur, 1994]. Ces pôles de la triade sont des territoires-réseaux, correspondant à une « économie d'archipel », se traduisant par des échanges immatériels instantanés : ce qui signifie que des relations multipolaires relient Londres, Paris, New York ou Tokyo, en des temps très courts.

1.1 Des villes qui gagnent

On peut utiliser le terme de « centre » qui désigne, à l'origine, le « cœur » géographique d'une très grande métropole ; celle-ci se caractérise par son influence, son attraction, ses flux. Cependant, aujourd'hui, les CBD traditionnels (*Central Business Districts*) sont obligés de se dédoubler : manque de place, terrains très chers, etc. Les pôles de décision ne se décentralisent pas facilement et les sièges des grandes firmes sont toujours dans les quartiers les plus prestigieux de New York, de Londres ou de Paris. Toutefois on connaît, aux États-Unis, l'importance des *edge cities*, qui sont des espaces situés au-delà des *suburbs* (banlieues anciennes). Ces sites reçoivent des services qui se délocalisent car il faut des milliers de mètres carrés de bureaux, difficiles à trouver dans les CBD classiques : ces *edge cities* possèdent des entreprises innovantes. Cette fuite hors du centre souligne la nouvelle organisation des firmes. L'entreprise-réseau conserve sa direction dans la mégalopole car, pour diriger une société mondiale, il faut être bien placé près des banques, des organismes politiques, des grands hôtels : en effet, la décision exige tout un environnement de très haut niveau. Il n'y a donc pas, comme on a coutume de le dire, une « décentralisation » des sièges sociaux car le « poids décisionnel » des quartiers centraux est incontestable. D'autre part ces implantations de services sont le plus souvent dans la mégalopole.

On se souvient de la destruction des tours jumelles du World Trade Center de New York : les terroristes ont boulu abattre des symboles situés dans les milieux d'affaires de la ville. Les agglomérations de la mégalopolis américaine, avec leurs gratte-ciel, concentrent toujours aujourd'hui dans leurs CBD près de 35 % des 500 premières firmes américaines.

1.2 La *Bosrich* : près de 45 millions d'habitants

En 1961, Jean Gottmann, dans un ouvrage intitulé *Megalopolis* évoquait cette zone urbaine qui s'étend sur 600 km, de Boston à Washington, et plus précisément jusqu'à Richmond : d'où le nom de *Bosrich*. On parle aussi de *Boswash* ou *Boswash Corridor*. On trouve ainsi des aires urbaines très étendues, et cette mégalopolis atteint près de 45 millions d'habitants. On observe ainsi des « archipels de commandement ».

Aires urbaines	**Population (2005) (Source : *US Census Bureau*)**
« Grand New York »	21 903 623
Washington-Baltimore-Winchester	8 125 656
Boston-Providence-Worcester	7 747 336
Philadelphie-Camden-Vineland	6 372 799

On sait que le peuplement des États-Unis s'est effectué à partir des littoraux atlantiques : les treize premiers États créés sont sur cette façade. L'originalité des villes américaines réside dans la précocité de l'installation des villes de plus d'un million d'habitants. L'originalité de la *Bosrich* est l'accumulation des pouvoirs : Maison Blanche, siège de l'ONU, du FMI, des Bourses de Wall Street ou des universités de renommée internationale. Les villes sont étroitement reliées par des réseaux de communication. La mégalopolis, par la complexité et le niveau de ses services, exerce des fonctions de commandement dans le système capitaliste planétaire : il s'agit de nœud de communication et de coordination. New York est le symbole de cette puissance qui additionne des activités internationales : fonctions portuaires, boursière, géopolitique, etc.

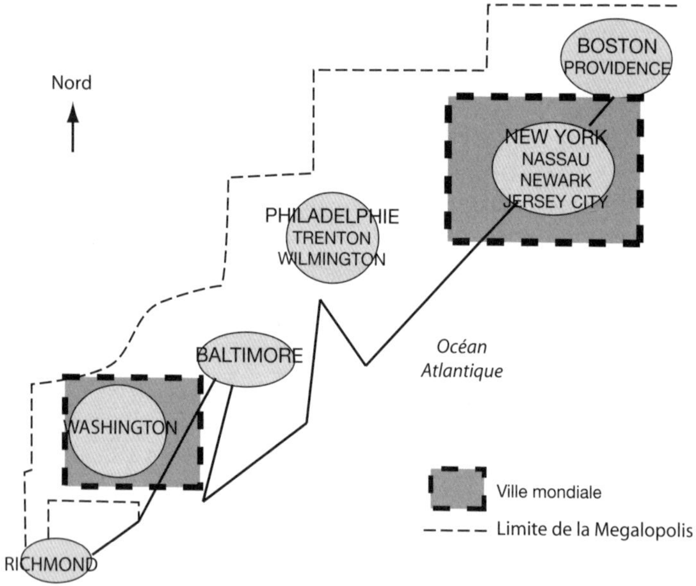

La mégalopolis du Nord-Est des États-Unis

(Sources modifiées : Goussot M., 2000, *Les grandes villes américaines*, Paris, Armand Colin.)

I.3 La mégalopole japonaise : 84 % de la population du pays

Cette façade maritime se situe sur ce fameux « Japon de l'endroit » qui exprime cette ouverture du pays sur l'océan Pacifique. À la différence des États-Unis, vaste pays, le Japon est très inégalement peuplé et, pour de nombreuses raisons (physique, historique), la concentration des hommes s'est réalisée sur cette façade du Sud-Est. C'est dans la province du Kanton que se trouve la plus importante conurbation du monde. La région de Tokyo s'étend sur 2 500 km² mais Osaka a été longtemps une ville plus importante. La mégalopolis s'étend de Tokyo à Fukuoka. Les montagnes représentent 70 % du territoire et la civilisation japonaise s'est implantée dans les plaines. Augustin Berque a bien montré que la montagne a été perçue comme le « domaine d'une infinité d'esprits et de fantômes ». L'implantation de la culture japonaise dans les plaines n'est pas seulement due aux milieux physiques mais à une certaine façon de « voir » les montagnes. On comprend fort bien aussi le développement des plaines du Sud-Est, face à l'océan Pacifique : c'est une ouverture du pays par la mer sur le monde. Comme l'indiquait Fernand Braudel « vers l'est se situent ses meilleurs ports, il débouche sur le vide fantastique du Pacifique ».

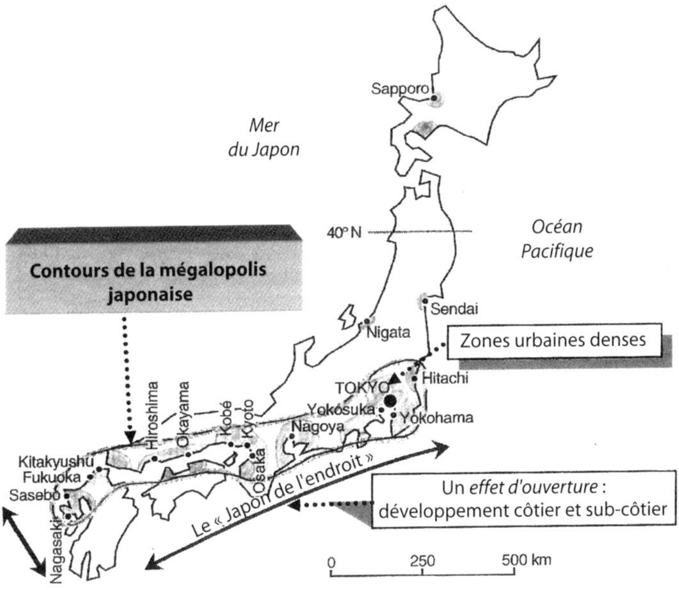

La mégalopolis japonaise

Ces zones urbaines s'étirent sur plus de 1 300 km et abritent plus de 100 millions d'habitants sur un sixième du territoire. Depuis l'ère Meiji, au XIXe siècle, le Sud-Est devient le centre de gravité du pays car il concentre 80 % du PNB. Comme aux États-Unis, on retrouve cette accumulation d'activités de haut niveau et Tokyo occupe une place fondamentale. Par ailleurs, sa façade maritime est l'une des plus importantes du monde avec plus de vingt ports.

Toutefois cet « entassement » provoque des effets pervers : pollution, risques naturels comme les tsunamis et les tremblements de terre. Un séisme en 1923 entraîna la mort de 150 000 personnes à Tokyo et Yokohama. (Le problème des effets nuisibles de l'urbanisation en général sera évoqué ultérieurement pour l'ensemble de la planète.) Si la mégalopole américaine a longtemps été le symbole de cette urbanisation massive, la mégalopole japonaise surprend par son étendue et son étroitesse (largeur de 150 km). Elle est, par ailleurs, le « cœur » du pays alors qu'aux États-Unis, on observe d'autres régions urbaines importantes sur le Golfe du Mexique, autour des grands lacs, en Californie.

1.4 L'Europe : un arc urbain central

L'urbanisation de l'Europe du nord-ouest est très ancienne ; il ne faut pas oublier la précocité de la révolution industrielle dans ces régions. Jacques Chérèque, ministre de l'Aménagement du territoire, compare cette mégalopole européenne à une « banane », en intégrant une partie française (la Lorraine) à cet axe, allant de Londres à Milan. Quelques jours après, la presse évoque une « banane bleue » pour décrire cette mégalopole européenne qui s'étend sur 1 500 km de long, voire 1 700 km si l'on englobe Manchester au nord-ouest et Rome au sud-est. Comme à l'accoutumée, on a critiqué la notion de mégalopole car depuis la chute du mur de Berlin les réalités auraient changé... Par ailleurs, il est bien évident que cette dorsale est moins compacte, moins dense que la mégalopole américaine. Il y a en effet des régions rurales qui s'interposent entre les villes. Il faut signaler l'importance de la région de la Ruhr qui dépasse les six millions d'habitants. C'est pour toutes ces raisons qu'il est préférable de nommer autrement cette zone particulière : il s'agit en réalité d'un « Arc européen central » car, quelle que soient les limites, on retrouve pour ces espaces les problèmes habituels. Christine Voiron Canicio, à propos de « l'Arc méditerranéen », a bien posé les questions que l'on trouve habituellement lorsqu'on veut définir un territoire : comment les régions s'individualisent-elles en Europe et quelles sont les « différences à l'intérieur de l'Arc » ; sont-elles « plus ou moins importantes que celles qui existent avec le reste de l'Europe » ? Cet Arc s'intègre dans un ensemble vaste qui est celui de l'Europe, continent complexe et profondément urbanisé.

La notion de mégalopole est désormais insuffisante car il existe en Europe diverses catégories de villes depuis les villes mondiales comme Londres et Paris jusqu'aux territoires plus faiblement urbanisés. Il existe donc, suivant l'expression désormais classique, des « villes qui gagnent » grâce à leurs fonctions primatiales. Les investisseurs connaissent bien les villes dans le contexte de la concurrence mondiale et opèrent des classements ; les villes et les régions urbaines doivent assurer leur promotion et se valoriser pour attirer l'argent et les hommes. Le rôle de l'image est capital car celle-ci doit être favorable. La ville qui gagne profite d'un développement générateur d'effets multiplicateurs.

Tout dépend de ce que recherchent les dirigeants de ces zones urbaines, des politiques de développement de l'agglomération et des buts recherchés. Par exemple, si le tourisme est une fonction importante, il faut proposer des atouts spécifiques, comme le patrimoine, la culture, le logement et les transports. Ainsi Paris est au premier rang mondial des villes touristiques, avec un chiffre de visiteurs qui oscille entre 29 à 30 millions par an… Comme on l'a signalé « Paris apparaît comme un modèle particulièrement révélateur et instructif » [J.P. Lozato-Giotart, 2004]. L'économie joue un rôle essentiel car la concurrence est rude entre les villes : il faut créer un *« grand business climate »*, avec de véritables stratégies de marketing.

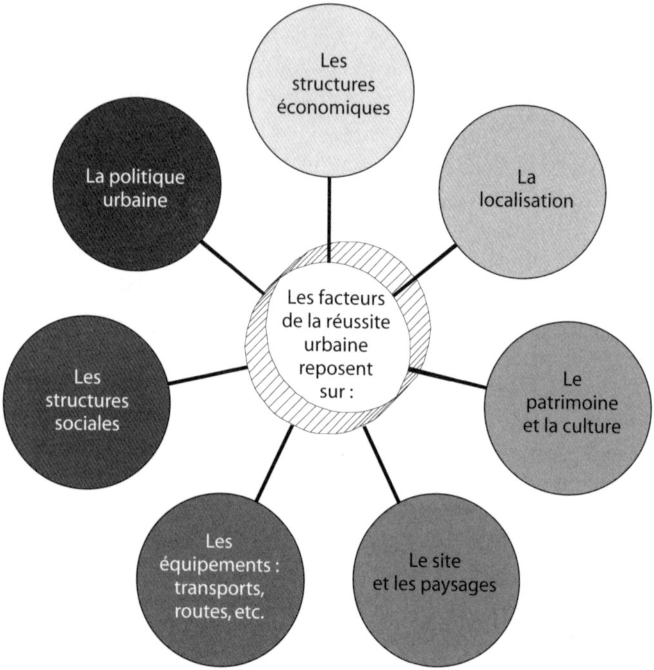

Les facteurs de réussite d'une ville

La localisation demeure un facteur primordial mais son intérêt est relatif et varie avec les époques et les techniques. Aujourd'hui une bonne position, sur un axe important, un carrefour, un nœud de communication, demeure essentielle pour se développer : c'est pour cette raison que les littoraux sont convoités. Ils sont des pôles stratégiques, économiques et culturels et l'urbanisation rapide des rivages devient le caractère dominant de la mondialisation.

2. Le succès des « villes de la mer »

Selon les Nations unies, à la suite d'une étude, en 2010 près de 80 % de la population mondiale habitera sur une frange littorale de moins de 100 km. En 2025, plus de 75 % de cette population sera à moins de 60 km de la mer. Cette croissance du peuplement est essentiellement urbaine car les littoraux sont transformés. Ainsi, en France, le quart des terres situées à moins de 500 mètres de l'eau ont été artificialisées voire bétonnées... On évoque désormais « une marée humaine » qui concerne aussi bien les nations développées que les pays du « Sud ».

2.1 Un fait capital : les mers recouvrent 71 % de la surface du globe

En 1961, Michelet écrivait que la mer est « le commencement de toute géographie ». L'attrait, la fascination ou la peur des océans ont toujours été la caractéristique principale des civilisations. Toutefois, avant l'explosion urbaine du XIXe siècle, l'occupation littorale demeure réduite. Les ports jouent un rôle important car ils sont nécessaires aux économies et à l'exploitation du monde mais cette humanisation des rivages demeure ponctuelle. Les progrès techniques vont accroître les pressions sur les littoraux fabriqués désormais par la main de l'homme : la littoralisation est donc une urbanisation. Il faut partir d'un constat très simple : la plupart des grandes villes du monde, qu'il s'agisse de mégalopole ou de mégapole, se situent à proximité des littoraux. Même des agglomérations qui ne sont pas directement au bord de la mer comme Londres ou Le Caire sont, par les fleuves qui les relient, des « villes de la mer ». Sur les dix premières aires urbaines de la planète, huit sont des cités marines ou situées sur des fleuves et des estuaires proches des mers.

Dans les pays en voie de développement comme l'Afrique où la Chine, les principales agglomérations sont sur les côtes.

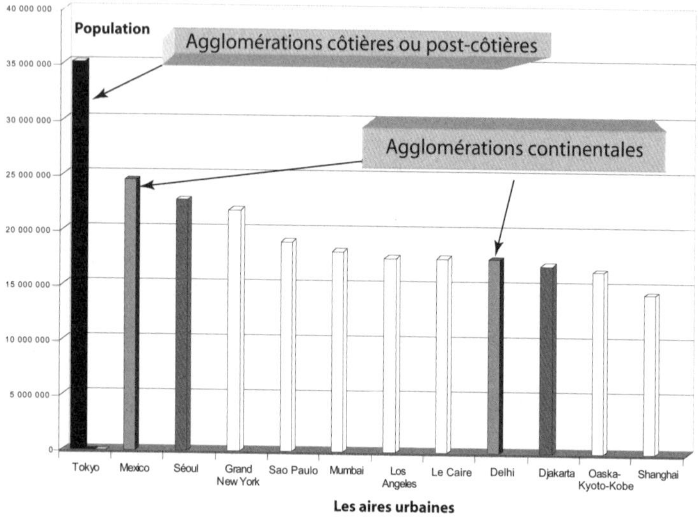

La supériorité des villes de la mer

2.2 La ruée vers les rivages : comment expliquer ?

Quelles que soient les définitions et les limites que l'on peut donner aux termes de côtes, de rivages ou de littoraux, un fait demeure : « l'invasion » des côtes. On a toujours utilisé les ports mais l'engouement pour les littoraux débute à la fin du XVIIIe siècle et surtout au XIXe siècle. Victor Hugo a fortement critiqué « ces maçonneries dont on caparaçonne la mer ». Toutes les côtes de la planète sont menacées, à des degrés divers, même s'il existe de grandes disparités régionales. Dans le Sud de l'Europe, par exemple, les espaces artificialisés ne cessent de s'accroître. De 1990 à 2004, l'urbanisation des littoraux s'effectue à un rythme qui est supérieur de 30 % à celui de l'ensemble des territoires de l'intérieur. Aux États-Unis, près de 55 % des habitants résident dans des zones côtières. Désormais c'est l'arrière-pays qui reçoit les nouveaux arrivants car les terres et les logements sont de plus en plus coûteux sur les littoraux. Cette urbanisation est mondiale. Ainsi l'Afrique, qui est restée longtemps faiblement urbanisée, a des taux de croissance très élevés. On estime que, vers 2010, 50 % de la population en Afrique de l'Ouest se trouvera sur les côtes.

Dans ces conditions, comment expliquer ce succès des littoraux ? Les facteurs sont nombreux et varient suivant les pays et les régions. Il existe des côtes peu peuplées ou faiblement occupées mais, globalement, les littoraux offrent des conditions de développement : la pêche est aussi ancienne que l'humanité et, très tôt, les mers fascinent : elles sont considérées comme des routes permettant de découvrir des terres nouvelles. Cette attirance des sociétés pour les rivages a beaucoup varié au cours des siècles. Les hommes ont eu diverses raisons de se lancer sur les mers : le désir d'explorer, de découvrir, de conquérir a dominé toute l'histoire. Paul Valéry, à propos de la Méditerranée, remarquait que le même navire peut apporter des « marchandises » et des « idées ». Les grandes découvertes, dès le XVIe siècle, aboutirent à la formation d'empires coloniaux et à l'essor des zones littorales. Celles-ci sont des régions de contacts entre civilisations. La statue de la Liberté, à New York, a toujours été le monument que les émigrés apercevaient en arrivant dans le port. Cet édifice, de 92 mètres avec le socle, est devenu le symbole d'une nouvelle vie, dans un autre monde.

C'est progressivement que les regards portés sur les littoraux, en Europe par exemple, se sont transformés. Comme l'a indiqué Alain Corbin dans *Le Territoire du vide*, « les romantiques n'ont pas découvert la mer. Bien avant la fin du XVIIIe siècle, les rivages de l'océan étaient devenus des lieux de contemplation et de délectation » (1988). En réalité, ce sont les valeurs que l'on accorde aux littoraux qui sont les facteurs essentiels. Les sociétés apprécient ce linéaire côtier pour diverses raisons, économiques, environnementales ou touristiques.

2.3 Les ports : le commerce maritime au cœur de la mondialisation

Les plus grandes villes mondiales sont le plus souvent des organismes portuaires. Les transports par voie de mer ne cessent d'augmenter. En 2007, la flotte maritime a connu une croissance de 8,5 % par rapport à 2006. Le volume de marchandises, convoyées par containeurs, a progressé de 13,4 % ! Cet accroissement du commerce profite directement aux façades maritimes et celles de l'Asie Pacifique sont les premières du monde ; le « Northern range européen » est le deuxième littoral mondial, de la mer du Nord à l'Atlantique. Les grands ports américains sont également aussi importants. Le problème actuel est le suivant : les ports peuvent-ils s'adapter à cette expansion ? Il faut en effet accroître sans cesse les capacités d'accueil c'est-à-dire les équipements. Ce rythme de croissance impose des agrandissements constants. Il y a non seulement ce « flot de marchandises » mais il faut que cela se fasse très vite : nous sommes entrés, disent certains experts, dans une « ère où le juste à temps est une religion » [EDG, *Exportation et développement*, Canada, 2008].

Une autre question se pose : il s'agit de la relation ville-port. La recherche de l'accessibilité, d'espace maximum pour recevoir les bateaux et transformer les marchandises est-elle compatible avec la croissance urbaine de qualité, avec le développement des services et des logements ? La fonction portuaire peut-elle harmonieusement exister avec la fonction urbaine ? On est aujourd'hui confronté au manque d'espace et à la congestion. Un conflit est désormais ouvert entre deux aspects urbains fondamentaux : d'une part la nécessaire centralité qui est la puissance d'attraction sur une région et, d'autre part la situation de « *gateways* », de portes d'entrée de marchandises qui contrarient les fonctions centrales de haut niveau.

Il faut aussi rappeler que l'image des ports a longtemps été négative pour diverses raisons : arrivée de maladies, implantation systématique de bagnes dans les ports ou mélange de populations et conflits culturels. Cette originalité des ports est mal perçue. Guy de Maupassant, à propos des marins de Marseille, évoque « les rues obscures qui descendent vers la mer » et va jusqu'à parler d'une « odeur lourde, une sorte d'haleine des bouges » [*Le port*, 1889]. D'ailleurs cette réputation absurde va rester « collée » à Marseille jusqu'à une date récente. Aujourd'hui il est très difficile de définir « la ville portuaire » car il existe de multiples catégories mais, quoi qu'il en soit, les fonctions maritimes deviennent essentiellement périurbaines car il faut de l'espace et des constructions qui s'accordent difficilement avec les qualités de vie indispensables dans l'agglomération.

2.4 Vivre au bord de la mer : le grand désir du XXIe siècle

Un deuxième facteur de croissance urbaine littorale est le tourisme ; il faut aussi ajouter le désir d'habiter près du rivage, par exemple à l'âge de la retraite. Les deux phénomènes sont liés car ils dépendent de cette vision des littoraux. La résidence prolongée ou brève, sur une côte, est un facteur d'urbanisation. Il y a aujourd'hui des paysages et des activités recherchés qui attirent de plus en plus : la mer, la plage, les cures marines ou les croisières. L'accroissement du nombre de touristes, fréquentant les côtes, est rapide. En France, les littoraux accueillent en moyenne 35 millions de personnes. La « destination mer » est toujours privilégiée et dépend des milieux physiques et culturels des nations. Ce pays détient 5 500 km de côte et, d'ici 2030, on estime que les départements côtiers vont avoir de plus en plus de touristes et d'habitants. La Méditerranée par exemple est très attractive ; elle reçoit près de 400 millions de visiteurs et il s'agit du centre le plus attractif de la planète.

À cet afflux de voyageurs, il faut ajouter désormais les comportements des personnes. Celles-ci veulent admirer la « nature » mais ne peuvent pas se passer d'équipements ! Le touriste moyen exige des conditions d'installation : vue sur mer, proximité des plages, centres de loisirs, commerces, etc. Ainsi un « Guide touristique », sur la Guadeloupe, propose non seulement les hôtels mais les équipements suivants car sport rime avec découverte : le golf, la planche à voile, le surf, la pêche au gros, la plongée sous-marine, le fly-surf, le ski nautique, le kayak, le scooter des mers, le quad, l'équitation, les ballades en 4 x 4, le canyoning et les sports d'eau vive, sans oublier le VTT… Cette énumération est capitale car elle aboutit à la conclusion suivante : l'environnement doit être transformé, équipé, bétonné, pour répondre à ces attentes. Le promeneur veut une « vraie nature » mais bien urbanisée… Il ne faut pas oublier que 5 % des émissions de CO_2 viennent des activités touristiques qui profitent aux entreprises du Nord.

Le tourisme n'est pas la seule fonction qui exige des résidences à proximité des côtes. Toutefois, quelles que soient les raisons, les dégradations de ces milieux sont générales. Au Cameroun, il y a 250 000 hectares de mangroves (les forets de littoraux lagunaires) ; la pauvreté, l'industrialisation, l'urbanisation détruisent ces écosystèmes. Dans les nations les plus développées, si le climat le permet, on vient s'installer pour travailler ou passer sa retraite sur les littoraux. De même au Canada, vaste nation, 25 % des habitants vivent près des côtes et cette proportion s'élève à 55 % aux États-Unis.

En définitive, pour des raisons diverses, environ 75 % de la population mondiale vivra près des rivages (d'après le PNUE, Programme des Nations unies pour l'environnement). Cette extension urbaine correspond donc à un véritable étalement. Les villes sont désormais entourées par des espaces construits de plus en plus éloignés des centres. L'agglomération est désormais « éclatée » et le terme de « campagne » dans les vieux pays industriels n'a plus beaucoup de sens car les genres de vie sont urbains. On comprend tout l'intérêt de l'expression « *rural non farmer* ».

3. « La fin des campagnes » ?

Dans la plupart des pays, les espaces ruraux sont en crise. Le problème ne touche pas uniquement les régions du « Sud » car, dans les nations développées, l'exode rural est général. En France, la moitié de la superficie du territoire ne totalise que 10 % de la population. Les raisons de cette désertification sont nombreuses et reflètent les différents systèmes économiques et sociaux. Ce mouvement universel prend des proportions inquiétantes dans les pays en voie de développement ; dans le monde entier, la survivance des campagnes est intimement liée à l'évolution des villes. Dans les nations développées, comme l'avait indiqué Roger Brunet, « la campagne proprement dite se confond de moins en moins avec l'agriculture » alors que pendant des siècles cette fonction a occupé la majorité de la population.

3.1 La population rurale mondiale en 1950 : 71 %

Même si aujourd'hui il est souvent difficile de distinguer les ruraux et les urbains, on oublie l'importance numérique des populations véritablement agricoles. Les campagnes ont joué un rôle majeur dans le développement économique de la planète. En 1920, on dénombrait deux milliards d'habitants et 1,747 milliard était en dehors des villes : soit près de 9 personnes sur 10.

La déruralisation depuis la deuxième guerre mondiale est rapide mais les formes d'émigration sont très différentes suivant les pays. Dans les pays les moins développés, on prévoit, en 2030, une population rurale, en majorité agricole, qui dépassera encore largement 50 %. Il n'en reste pas moins que l'agriculture joue toujours un rôle essentiel mais l'intensification des méthodes culturelles permet la diminution du nombre des paysans. L'accès à des techniques de haut niveau est inégal surtout dans les pays des « Sud ». La conséquence est une diminution de la population purement agricole. Quoi qu'il en soit, peut-on parler de la « fin des campagnes » ? C'est Jean-François Troin qui, à ce sujet, explique l'évolution : « Pour des raisons différentes de celles du Nord, les pays en voie de développement connaîtront à leur tour une diminution du poids de leurs campagnes, affaiblissement relatif qu'ont vécu les pays industriels dès le XIXe siècle » (2000).

Dans les pays en voie de développement, il faut nuancer cette « diminution » de la population rurale. Dans le cas de l'Inde par exemple, celle-ci s'accroît en valeur absolue. Frédéric Landy pense que la

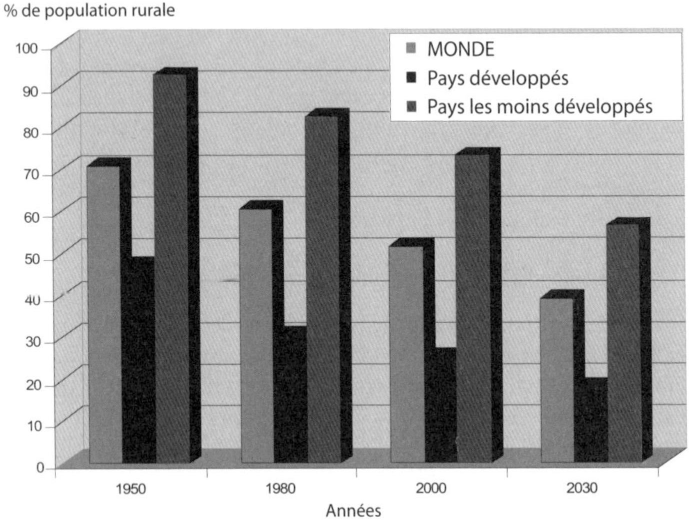

Le pourcentage de population rurale de 1950 à 2030

croissance urbaine provient davantage de l'accroissement naturel que de l'exode rural. Beaucoup de ruraux, émigrés à la ville « espèrent revenir au village » (2005). Les conditions de vie posent donc un problème grave dans ces nations des « Sud » : les campagnes apparaissent encore comme des lieux moins stressants, et, si cela est possible, la famille revient dans son village.

3.2 L'exemple français : des espaces abandonnés

Les paysages géographiques ont toujours été très contrastés, ne serait-ce que pour des raisons dues aux reliefs ou aux climats. Néanmoins, dans les vieux pays industriels, la mécanisation rapide des méthodes agricoles et le lent grignotage de l'urbanisation aboutissent à l'abandon de certaines régions. La course à la productivité entraîne une véritable désertification. Les populations les plus jeunes s'installent en ville et, souvent, ce sont les personnes âgées qui demeurent au village. En France, dans le Limousin, près de 40 % des habitants ont plus de 60 ans alors que la moyenne nationale est de 20 %. Il est évident que les situations diffèrent en Europe, aux États-Unis ou au Japon. Il n'en reste pas moins comme le pense Edgar Morin, qu'il faut non seulement « réhumaniser les villes » mais parvenir à une « revitalisation des campagnes ».

Si l'on prend le système spatial français comme exemple, on découvre tous les effets pervers de cette dramatique disparition des services et des emplois dans certaines régions. La densité de la population est une indication — parmi d'autres — de la « désertification ». On connaît depuis longtemps cette fameuse « France du vide » décrite dans l'ouvrage de Roger Béteille en 1981.

Des oppositions très fortes apparaissent : ainsi la densité, dans le Limousin, dépasse à peine 40 hab/km^2 et cette diagonale dépeuplée s'étend de la plaine de la Meuse aux Pyrénées. On distingue, en simplifiant, trois types d'espaces ruraux au-delà des couronnes périurbaines :

– tout d'abord, les campagnes qui sont dans la zone d'influence de très grandes villes ; c'est le cas de Paris. En effet, le besoin de se loger oblige de nombreux habitants à vivre à plus de 100 km de la capitale. On assiste donc dans ces communes à des oppositions fortes entre ces « urbains » et les villageois ;

– un deuxième type est constitué par le même phénomène mais limité aux régions où les pôles urbains sont moins importants. Dans ce cas, les campagnes commencent à se repeupler, grâce à leurs nouvelles fonctions résidentielles, mais on est encore dans des campagnes dominées par l'agriculture ;

– enfin, la troisième catégorie, correspond à cette « France du vide ». Dans ces zones désertées ou très peu peuplées, on trouve, outre les populations paysannes, des catégories sociales peu favorisées : souvent, dans ces communes rurales profondes, les niveaux de vie sont peu élevés. Les

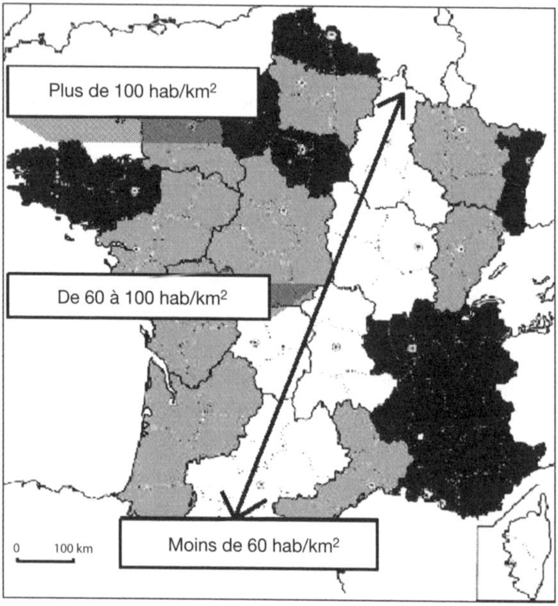

La France du vide

commerces ferment progressivement et les services de l'État, comme les hôpitaux et les maternités, sont éloignés. La disparition des exploitations agricoles n'est pas compensée par d'autres fonctions (en dehors de la résidence). Ainsi le nombre des médecins est très faible mais les régions du Sud de la France disposent de densités très élevées.

L'espace campagnard subit des pressions qui se traduisent par « l'artificialisation » des espaces ruraux et les milieux semi-naturels. Contrairement à ce que l'on dit, désormais les urbains n'ont pas le désir d'une « nature naturelle » ; au contraire, comme l'a très bien indiqué Anne Fortier Kriegel, architecte paysagiste, « l'industrie a pris le pas sur l'agriculture et tout l'effort de progrès s'est focalisé sur le développement des techniques et des sciences qui ont supplanté l'embellissement de l'espace ; on raisonne comme si celui-ci était infini, et qu'il ne faudrait pas l'économiser » [*L'avenir des paysages de France*, Fayard, 2005]. Par exemple, les spécialistes de l'Office national des forêts savent très bien que la demande d'espaces de loisirs repose sur des équipements lourds comme le plan d'eau, les barques, les pédalos. Serge Aubépart, à propos de ces forêts périurbaines ajoute à cette liste les « terrains de sport, restaurants, campings » sans compter les sanitaires et des services de surveillance... Comme l'avait bien indiqué George Friedmann dès 1966, « l'étude des rapports entre civilisation urbaine et civilisation rurale [...] conduit à confronter l'opposition classique entre villes et campagnes à un autre couple antithétique : celui de milieu naturel et de milieu technique » [*Sept études sur l'homme et la technique*, Denoël-Gonthier].

Dans les zones rurales, un autre problème est également oublié. Si on connaît fort bien le malaise des banlieues, on oublie la pauvreté, moins visible, dans ces régions : le phénomène est européen et nord-américain. Les ouvriers agricoles, les salariés de petites entreprises privées n'ont guère la possibilité de trouver un travail et sont peu entendus. Ils ne forment pas de lobbies puissants et sont à l'écart du syndicalisme : l'éloignement est donc un handicap considérable. Christophe Guilly, très justement, pense que les « populations modestes des zones rurales ou périurbaines échappent aux catégories traditionnelles de la représentation sociale ». Il évoque « cette pauvreté sourde [...] facile à gérer politiquement ». Le géographe pose une question importante : « le fossé entre ville et campagne se creuse-t-il ? ». On ne peut répondre que par l'affirmative et le malaise n'est pas souvent signalé en dehors des crises purement agricoles. Des forces sociales, plus puissantes, sont mieux entendues par les gouvernements. La dispersion de la précarité et le vieillissement des populations sont désormais les principales caractéristiques des campagnes. Le phénomène est mondial mais revêt des formes très différentes suivant les civilisations. La situation des pays en voie de développement est la plus préoccupante.

3

Les « Sud » au XXIe siècle : « une inflation urbaine »

(Paul Bairoch)

Les grandes métropoles du futur seront dans les pays en voie de développement. Pourtant les campagnes ont toujours des masses considérables de populations agricoles. C'est avant tout la diversité qui domine ; comme l'indiquait Jean-François Troin, « on ne peut parler tout de go de métropole du Sud, même si des traits communs caractérisent les espaces urbains et leurs fonctions » (2000). Néanmoins, comme l'indiquait cet auteur, la différence Nord-Sud devient obsolète. En 1992, Paul Bairoch parlait déjà des « Tiers-Mondes » compte tenu des spécificités de chaque pays. La situation actuelle d'une région ne peut se comprendre que dans la durée. Comme le supposait Fernand Braudel « on n'atteint une civilisation que dans le temps long » mais c'est « à l'étude de faits concrets qu'il convient de s'attacher » (1963). La très grande diversité de ces pays ne permet plus de parler de « village mondial ». Il y a, bien sûr, de plus en plus d'interdépendance entre les régions mais on analyse le problème, comme le disait Paul Bairoch « dans une optique trop large » et, le chercheur est « prisonnier des contraintes statistiques » (1992). Un fait est certain : au XXIe siècle, compte tenu de leur supériorité démographique, les plus importantes populations urbaines seront dans les « Sud » mais surtout en Asie. On a tout d'abord pensé que le progrès était lié à l'essor des villes. Toutefois cette corrélation s'applique-t-elle aux villes des pays en voie de développement ? Ne s'agit-il pas plutôt d'un obstacle compte tenu des effets pervers déjà soulignés de cette rapide évolution ? Il se produit en effet une paupérisation qui provient le plus souvent des conditions politiques et sociales et de l'absence de véritable aménagement des agglomérations.

Il est donc nécessaire de tenir compte des héritages et des particularités de la croissance de ces nations du « Sud ».

1. L'Asie : les plus importantes populations du monde

L'importance des chiffres de population, même en observant que les habitants des campagnes sont encore nombreux, montre que l'Asie a déjà la moitié des urbains du monde : par ailleurs, l'Inde et la Chine en possèdent le quart. Le rappel de ces valeurs est nécessaire pour bien situer les pôles humains majeurs du XXIe siècle. La croissance des états de cette partie du monde a été spectaculaire après 1960 et, comme l'indiquait Jean Raphaël Chaponnière, « en quelques années tout a changé. L'Asie fait irruption dans notre quotidien » [*La puce et le riz*, 1985, Armand Colin]. Ainsi, Taïwan et la Corée du Sud sont de « nouveaux Japon » en formant avec Hong Kong et Singapour, à la fin du XXe siècle, la fameuse « Bande des quatre » ! L'Asie est vaste, complexe et on distingue traditionnellement une Asie du Sud (les villes indiennes), une Asie du Sud-Est, avec ses villes-carrefours et une Asie chinoise longtemps demeurée une nation agricole. On doit donc surtout s'attacher à comparer deux géants : l'Inde et la Chine.

1.1 La Chine : 90 % de la population urbaine à la fin du siècle ?

Les prévisions pour 2025 évaluent à plus de un milliard et demi (voire 1,6 milliard) le total de la population. Les statistiques sont discutables mais il n'en reste pas moins que la population urbaine chinoise dépassera largement un milliard et demi. Si on connaît la tendance démographique actuelle, moins rapide (vieillissement, chute des taux de fécondité, etc.), il n'en reste pas moins que les villes vont attirer sans cesse les populations. Au cours des siècles, à la différence de l'Europe, la ville pour les régimes communistes avait surtout un rôle politique et industriel. Les agglomérations vont accueillir cette activité dans le plus grand désordre et, comme l'écrivait Thierry Sanjuan, « cette orientation [...] défigurait et asphyxiait le tissu urbain, où une planification centralisée décourageait les initiatives foncières » [*Villes en parallèle*, 1996].

Une désertion des campagnes très tardive

Dans cet immense pays, l'émigration vers les villes devient un grave problème. Des estimations venant du gouvernement chinois évaluent à 8 millions le nombre de paysans qui fuient les campagnes, chaque année, pour trouver du travail dans les agglomérations urbaines. En effet, le niveau de vie est bien supérieur dans les villes mais il n'est pas sûr que les arrivants trouvent des emplois. C'est la pauvreté qui entraîne cet exode massif vers les cités du littoral.

Il n'a jamais été facile, en Chine, de se déplacer. Dans les années 1950, le gouvernement a voulu enrayer ces flux. Les « *Hukous* » sont une réglementation : chaque citoyen a un livret qui contient des informations sur sa famille, ses statuts, sa résidence, son employeur, etc. Avant 1980, il est très compliqué de changer de résidence, de région. Si une personne voulait se déplacer et travailler ailleurs, elle risquait d'être dans l'illégalité, pratiquement comme un immigré clandestin. Après la décennie des années 1980, le système devient plus souple mais les personnes qui changent de région risquent toujours de ne pas avoir d'assurance maladie et de travail ; cependant il y a beaucoup de différences entre les régions. On a donc un véritable système de passeport qui peut entraîner la fin d'une pension ou le refus de recevoir les enfants dans une nouvelle école ; ce système, peu démocratique, a eu des effets complexes, pervers, sur l'exode rural dans un pays pourtant engagé dans une transformation économique rapide.

Cet exemple montre l'importance des conditions locales, des cultures, des systèmes économiques et politiques. On connaît l'idéologie de Mao Zedong, fondée sur la place capitale de la paysannerie dans l'évolution du communisme : « Surtout, dans les années 1950-1970, les politiques maoïstes ont produit un blocage du taux d'urbanisation donnant à la Chine, vers 1980, un des plus bas niveaux mondiaux, même parmi les pays les moins développés » [J.P. Larivière, J.P. Marchand, 1999]. Toutefois, depuis cette époque, la Chine est entrée dans une phase de croissance des villes, désormais irréversible. Les « voies chinoises » de l'adoption de l'économie de marché transforment l'urbanisation mais on sait que la Chine possède une grande diversité de villes.

Le rythme de l'urbanisation est impressionnant. Le nombre de métropoles dépassant un million d'habitants est de 37 ! Comme l'indique Zhuo Jian « cette explosion urbaine est notamment marquée par la formation de trois grandes régions métropolitaines, à savoir le delta du Yangzi, le delta de la rivière des Perles, la région Pékin – Tianjin – Tangshan, qui constituent aujourd'hui les piliers de l'économie chinoise » [*Dictionnaire de la Chine contemporaine*, 2006,

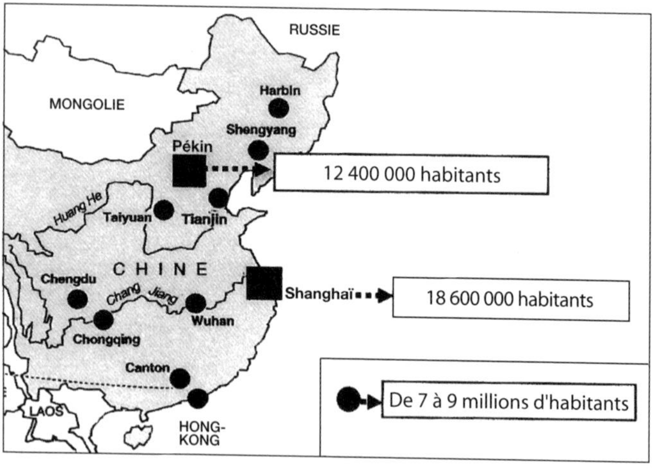

En Chine, une mégalopolisation des littoraux

Armand Colin]. On assiste donc à une véritable mégalopolisation des côtes chinoises mais celle-ci est profondément différente du modèle nord-américain. En effet, les systèmes économiques, les fondements historiques et les rapports ville-campagne ne sont pas comparables. Ainsi la crise des zones rurales, la contraction des terres arables, les expropriations, ont entraîné de 1987 à 2001 la perte de leurs terres pour 34 millions d'agriculteurs. L'exode vers les villes est massif et l'on estime à des millions ces populations déracinées qui vont vers les villes littorales. En 2030, le nombre de citadins aura augmenté de 400 millions, avec toutes les conséquences sociales et environnementales prévisibles.

Cet immense pays est très inégalement peuplé et les villes reflètent ce déséquilibre : 95 % des Chinois résident à l'Est et surtout sur les régions littorales. Le pays a une longueur de 4 200 km d'est en ouest et tout naturellement l'ouverture économique s'opère par les mers et les océans. **Shanghai** est le symbole de cette croissance. C'est aujourd'hui l'aire urbaine la plus importante du pays. Comme l'explique Liu Ta « Shanghai est une des métropoles les plus typiques de Chine. Elle possède tous les caractères communs aux grandes villes chinoises. Mais Shanghai présente aussi des traits originaux dus à ses conditions naturelles et à son histoire » (1996). Il s'agissait au cours des siècles d'une ville industrielle qui abritait, en 1939, 60 % des ouvriers chinois. Le problème majeur a donc été le vieillissement et la dégradation de la ville : la rénovation est une priorité absolue. Aujourd'hui c'est la plus importante aire urbaine de Chine et la douxième mondiale après Osaka-Kyoto-Kobe au Japon. Shanghai devient le symbole de la croissance rapide du pays et le port exporte un cinquième des denrées de la Chine. Le maire de Shanghai, en 2002, a bien résumé les ambitions de la ville en voulant faire de celle-ci « l'un des centres financiers internationaux les plus importants ». Ce n'est pas le hasard si Shanghai va recevoir l'Exposition universelle en 2010.

On observe avec **Hong Kong** un autre exemple de ville mondiale mais cette cité côtière reflète le dynamisme de la Chine du Sud qui est désormais le centre de gravité de la croissance asiatique. Cette colonie anglaise, redevenue une région chinoise en 1997, possède un régime particulier. La ville, en conservant des résidents britanniques, reçoit des capitaux du monde entier. **Canton**, la troisième aire chinoise illustre bien cette importance de la Chine du Sud. Prolongée par le delta de la rivière des Perles : on peut parler de véritable mégalopolis pour désigner ce carrefour international. Les facteurs de succès sont nombreux : position portuaire, réseau de villes, densité démographique, etc.

La Chine du Nord est fondamentalement différente mais les régions côtières furent, dans l'esprit des gouvernements chinois, des « locomotives » de la croissance. En revanche, **Pékin** (ou Beijing) est la « capitale du Nord ». Avec plus de 12 millions d'habitants, l'agglomération atteint, avec ses périphéries, près de 17 millions. Elle est à 110 km de la mer et c'est une cité plurimillénaire. Elle représente le pouvoir politique et, par ses monuments, symbolise la civilisation chinoise. La croissance urbaine de Pékin a donc nécessité une planification et des schémas directeurs pour affronter le développement : les objectifs sont de renforcer la domination de la ville comme centre culturel et politique, de s'adapter à la croissance de l'économie en respectant l'architecture historique. Une ambition très affirmée des dirigeants chinois repose sur la volonté de faire de Pékin une ville mondiale en rapprochant la ville de la mer et en faisant croître l'importance de Tianjin.

Toutefois, cette expansion pose de multiples questions : on a parlé de la « folie des villes chinoises » [Bertrand Greco, *le Journal du dimanche*, 15 juin 2008] compte tenu de la frénésie de constructions qui débute dans les années 1990. L'émergence des classes moyennes entraîne de nouveaux besoins de confort. Cependant, on expulse les anciens habitants et, comme l'écrit Jean-Luc Domenach, « les mingong travaillent dans des conditions épouvantables » car ces « paysans des villes qui fuient la misère » sont de véritables « forçats de l'urbanisation » (2007). Les autorités chinoises craignent la formation de bidonvilles pour des raisons politiques et on édifie de grands immeubles en faisant disparaître de vieux quartiers. Il n'en reste pas moins que ces ruraux installés illégalement dans les villes (car il faut un livret de résidence) sont plus de 200 millions ! Ceux-ci deviennent des travailleurs peu payés acceptant les métiers les plus difficiles et dangereux : ils n'ont pas le choix. Le phénomène va s'amplifier car des millions d'agriculteurs veulent toujours fuir les campagnes.

En définitive, l'urbanisation rapide de la Chine s'opère dans des conditions alarmantes : la misère urbaine s'accroît, provoquée par ce violent conflit ville/campagne qui accompagne ces désirs effrénés de construction. Un résultat statistique résume bien la métamorphose des paysages aujourd'hui : l'Académie des sciences sociales de Shanghai évalue le nombre de « villes nouvelles », créées depuis 1984 à 3 420.

1.2 « Foisonnement et complexité des villes indiennes »

C'est ainsi que Jean-François Troin caractérise les agglomérations d'une immense nation de près de 1,1 milliard d'habitants. Il évoque cet « empilement de strates historiques anciennes » (2000). La proportion de population agricole est toujours considérable avec un exode rural important. Le pays possède aussi de gigantesques mégapoles figurant parmi les plus peuplées de la planète. Ces villes s'accroissent compte tenu de deux facteurs : « l'explosion » démographique et l'arrivée des paysans vers les agglomérations qui s'étendent sans cesse. La population urbaine, qui ne représente que 17,8 % de la population en 1960, atteint 29 % en 2007. On mesure ainsi le chemin parcouru car, en 1960, plus de 82 % de la population indienne était rurale. L'Inde est donc aussi caractérisée par de vastes mégapoles qui sont à la mesure de l'énorme population. Entre 1960 et 2008, la progression de l'urbanisation est rapide mais, en 2009, 70 % de la population est encore rurale et surtout agricole.

La pluralité des peuples de l'Inde, la diversité culturelle et les civilisations plurimillénaires entraînent une grande complexité des structures urbaines. Les villes reflètent ces spécificités depuis l'aire culturelle hindouiste ou islamique. Le pays est très vaste (3 291 000 km^2) mais les taux d'urbanisation sont encore faibles et n'atteignent pas

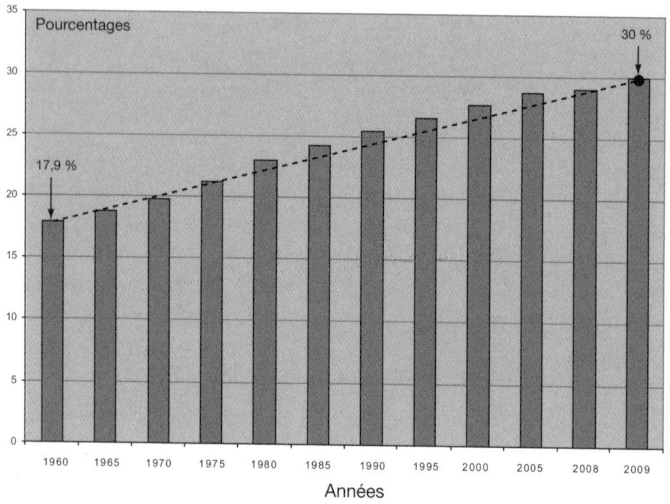

La population urbaine de l'Inde depuis 1950

30 % en 2008. Comme dans de nombreux pays en voie de développement, cette croissance de l'urbanisation est rapide : plus de 62 % en près d'un demi-siècle. Toutefois, malgré l'impressionnant essor économique global de l'Inde, le PIB par habitant, à parité de pouvoir d'achat, est faible et le pays est le 133e dans la classification mondiale. Son indice de développement humain atteint à peine 0,60 (sur 1).

L'aire urbaine de Mumbai (Bombay) atteint presque 20 millions d'habitants et devient la sixième du monde après São Paulo. La croissance est donc impressionnante mais le cas de Mumbai n'est qu'un exemple de ce « rattrapage » de l'urbanisation dans un pays demeuré pendant longtemps profondément agricole et rural.

L'urbanisation trop rapide ne s'accompagne pas d'une maîtrise de l'économie et d'une diminution des inégalités sociales. La prolifera-

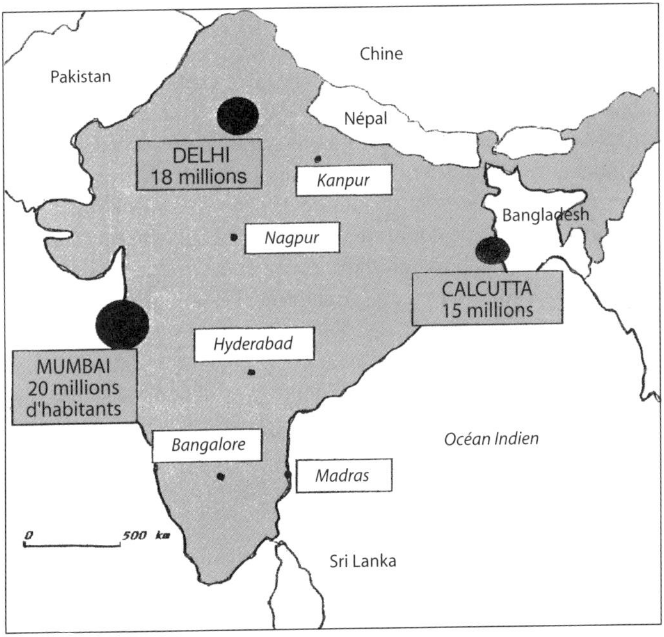

Les trois aires urbaines principales

tion des bidonvilles est la conséquence de cette extension des agglomérations. Les familles s'entassent dans des taudis comme Pilkhane à Calcutta, Dharavi à Bombay, le Rajiv Gandhi Camp à Dehli. Calcutta, surnommée la « cité du désespoir » abrite des millions de pauvres et ce n'est pas uniquement le site marécageux qui est à l'origine de la crise sociale. Ces villes sont souvent des métropoles historiques, construites au fil des siècles, transformées par la colonisation européenne puis par l'indépendance. Pourtant, comme le souligne Singaravélou « dans le contexte de la mondialisation actuelle, aucune ville indienne, sauf peut-être Bombay, n'a la stature d'une ville monde » (2000).

2. L'Afrique : la « ruralisation des villes »

Lors des colonisations, les villes côtières en particulier connurent un développement rapide. Comme l'a indiqué A. M. Frerot, « la phase coloniale fut donc une période charnière qui amena le fait urbain dans les mentalités africaines [...] la population d'Alger augmenta de 160 % entre 1930 et 1959, celle d'Oran de 128 % » (1999). L'indépendance des États n'a fait que confirmer ces tendances : la pauvreté des zones rurales et la perception des villes, considérées comme des lieux privilégiés, sont les deux facteurs principaux. Les milieux physiques, très contraignants (sécheresse, isolement, absence de terres fertiles, insécurité, guérillas, etc.), sont des facteurs d'émigration. Toutefois, la ville attire aussi pour des raisons économiques car les emplois apparaissent plus nombreux et la cité est considérée comme un moyen de promotion sociale. Quoi qu'il en soit, l'urbanisation est brutale même si la faiblesse relative des populations, par rapport à l'Asie, masque l'importance du mouvement.

On distingue trois zones en voie d'urbanisation rapide : le golfe de Guinée, l'aire arabo-musulmane et l'Afrique orientale. Le Caire est la principale agglomération du continent et figure dans les dix premières aires urbaines du monde. Lagos, beaucoup moins importante, est néanmoins une énorme ville couvrant près de 3 500 km^2 avec une aire urbaine difficile à estimer (il faut pourtant être prudent avec les statistiques africaines). Les taux d'urbanisation sont élevés en Afrique du Nord ou du Sud. En définitive, ce continent, longtemps demeuré essentiellement rural, connaît une croissance contemporaine impressionnante. On a voulu, chez certains auteurs, dresser des tableaux très optimistes : par exemple la grande ville ne grandirait plus grâce à l'exode rural mais au solde naturel. Par ailleurs la grande ville « n'étoufferait » pas les autres agglomérations. Au contraire, comme l'expliquaient fort bien Alain Dubresson et Jean-Pierre Raison « une partie des villes africaines ne sont plus en mesure de satisfaire les besoins des natifs et des nouveaux venus issus de la campagne » (1998). Les

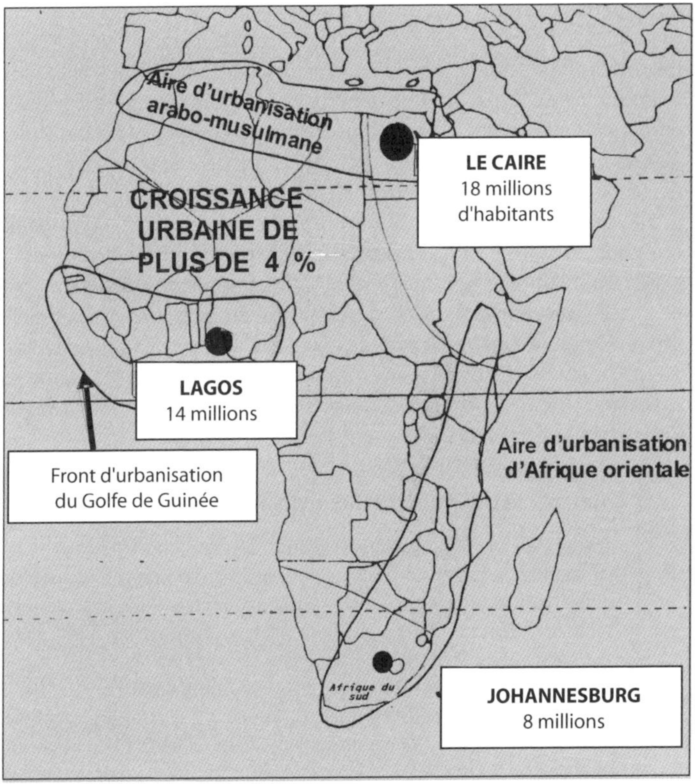

L'urbanisation en Afrique

citadins sont souvent obligés de vivre encore de l'agriculture dans les petites villes. L'Afrique est évidemment très diverse mais les conditions géopolitiques sont souvent désastreuses. Les conflits internes, graves, se succèdent. En Afrique subsaharienne, la pauvreté est répandue et les experts, à propos du continent tout entier, pensent à une accentuation des différences entre les pays. L'exode rural n'est plus une forme simple d'émigration car les facteurs qui poussent les habitants des campagnes à partir sont nombreux : depuis les crises agricoles en passant par les guérillas ou l'insécurité, la pauvreté a de multiples visages en Afrique et, dans les pays subsahariens, elle toucherait 43 % de la population. Selon Nelson Mandela, cette partie du continent est la seule région du monde où l'urbanisation ne correspond pas à une croissance économique positive. Même si ce n'est pas tout à fait exact, on a l'impression que les villes africaines sont « dépassées par la vitesse du changement » : tel est l'avis de Madame A. Kajumelo Tibaijuka qui dirige le Centre des Nations unies pour les établissements humains. Quoi qu'il en soit, la croissance urbaine africaine va nécessiter des investissements considérables pour fournir de l'eau, de l'électricité, divers services.

Lagos : la deuxième ville africaine

Lagos est sans doute un bon exemple de cette expansion des villes africaines. La mégapole (la deuxième après l'énorme agglomération du Caire) a une surface urbanisée considérable mais difficile à estimer : plus de 3 300 km^2 ? D'après le recensement nigérien de 2006, l'État de Lagos possède 9 013 534 habitants et l'agglomération compterait 8 112 180 habitants. Toutefois, en 2005, l'aire urbaine aurait déjà 13 400 000 citadins [*Démographia*]. Fondé au XVIIe siècle, l'établissement humain n'a été longtemps qu'un village de pêcheurs, installé sur une île : les Portugais vont l'appeler Lagos. Après la conquête anglaise, la ville deviendra, en 1914, une capitale mais la population est encore très modeste : 50 000 habitants probablement. Depuis les années 1960, la croissance est rapide et l'on estime que la population dépassera 16 millions d'habitants en 2015. Il apparaît un aspect positif : le niveau de vie moyen est supérieur à la moyenne nationale. Il n'en reste pas moins que cette énorme aire urbaine souffre d'un manque d'équipements dramatique. Plus de 60 % des ménages vivent dans une seule pièce et cette insuffisance de moyens concerne les services les plus vitaux : accès à l'eau, à la nourriture, au travail.

L'Afrique est dans une situation alarmante. Le recul des côtes est un phénomène mondial. L'« *international panel on climate change* » évalue la remontée du niveau de la mer de 50 cm à 1 mètre à la fin du siècle. C'est la conséquence du réchauffement planétaire. Pourtant l'urbanisation incontrôlée se poursuit sur les rivages africains pour offrir aux touristes des équipements ou mener diverses activités. Ainsi, en Tanzanie, le dynamitage des récifs coralliens permet de capturer les poissons. Des centaines d'explosions s'enchaînent au cours des mois détruisant les poissons et les Invertébrés. En Gambie, par exemple, 60 % des emplois se situent dans ces zones côtières et il faut attirer les investisseurs, construire des hôtels : la protection des côtes est un problème secondaire... La longueur des rivages de l'Afrique subsaharienne atteindrait 63 124 km (*World Vector Shoreline*) et l'on comprend l'importance économique de ces milieux. Au Nigeria, les constructions sur le front de mer accélèrent un processus d'érosion. Le phénomène mondial est toujours le même : un complexe touristique va connaître l'érosion de la plage et la mer va venir directement au pied des hôtels ! Quoi qu'il en soit, comme on l'a souligné, « la grande ville africaine est le résumé, l'expression la plus parlante... enfin le reflet des maux africains contemporains » [D. TRIBOUT, Ph. VONTHON, 1998].

3. L'Amérique latine : « la plus grande entreprise de colonisation de l'histoire »

C'est ainsi que plusieurs auteurs interprètent les colonisations portugaises et espagnoles, venues de la mer sur les façades orientales du Sud de cette Amérique [C. BATAILLON, J. DELER, H. THÉRY, 1991]. En effet, avec une population de 550 millions d'habitants, les taux d'urbanisation sont supérieurs, en moyenne, à ceux de l'Asie (sauf au Japon et en Corée) et de l'Afrique. Pourtant, en 1900, la population des villes n'atteignait que 13 %. Toutefois, de fortes traditions urbaines, héritées des cités pré-incas et des colonisations ibériques, sont à l'origine de cette situation. Le peuplement s'est effectué (comme c'est souvent le cas dans le monde entier) à partir des littoraux suivant les modèles bien connus de conquêtes : les rivages sont des têtes de pont, des points de départ vers l'intérieur : ces interfaces reçoivent les populations. Les diverses colonisations furent donc à l'origine de très nombreuses cités littorales. La croissance des villes est très importante et désormais la majorité des pays ont des taux d'urbanisation importants : 76 % au Mexique, 77 en Colombie, 87,3 au Chili, 75 % au Pérou. Mexico dont la population a longtemps été surestimée et São Paulo figurent parmi les plus grosses villes du monde : le nom de mégapoles convient très bien dans ce cas.

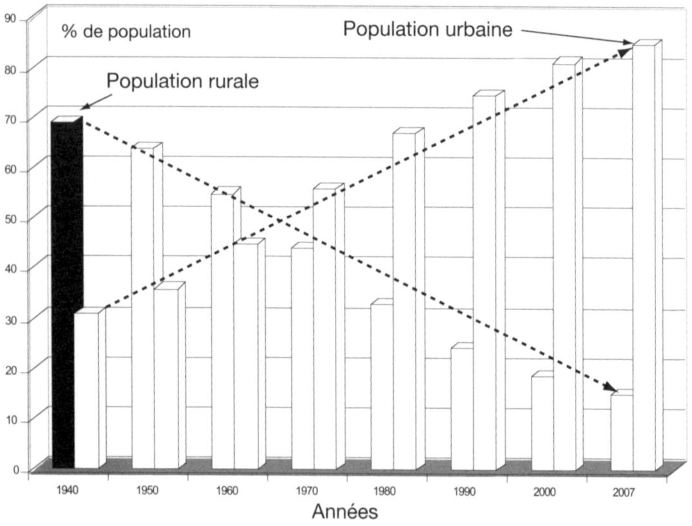

La déruralisation en Amérique latine

Le Brésil : une forte urbanisation côtière

Avec une superficie de 8 557 000 km², le pays a connu une déruralisation relativement récente : en 1940, 69 % de la population vivait encore dans les campagnes. En revanche, dès 2000, le cap des 80 % de population urbaine est largement franchi. Au Brésil, les Portugais, à la différence des Espagnols, n'allèrent jamais à l'intérieur des terres. Le « vieux Brésil sucrier », de Fortaleza à Salvador, fut la première région occupée ; le centre de gravité du pays se situe d'abord au nord-est avant de se déplacer vers le sud, de Rio de Janeiro à São Paulo. C'est pour cette raison que l'on a voulu, avec la création de Brasilia, rééquilibrer cet état fondamentalement littoral. La conquête s'est toujours effectuée

Les principales agglomérations du Brésil

à partir d'un « point d'entrée » côtier, en auréole, vers l'intérieur. Pourtant les colonisations furent différentes au Mexique ou dans les Andes : le relief a imposé des peuplements différents. Aujourd'hui São Paulo devient la cinquième agglomération du monde avec 19 037 487 en 2005 [*Statistics Finland, census Brazil*]. On assiste, comme c'est souvent le cas dans les « Sud », à une urbanisation anarchique, spontanée, se traduisant par des banlieues étendues et misérables. Le fait est d'ailleurs courant dans les pays en voie de développement. São Paulo et Rio de Janeiro représentent le « cœur » financier et industriel du pays et c'est cette région du « *Sudeste* » qui domine la vie du Brésil.

Le site et la position : des facteurs essentiels

Les exemples de Rio et de São Paulo permettent d'expliquer deux termes fondamentaux en géographie. Le *site* est le lieu précis où s'installe une ville : il s'agit de l'environnement naturel, de la topographie locale sur lesquels s'étendent les agglomérations. En revanche, la *position* (ou situation) est l'espace relationnel qui se définit par rapport aux régions et aux forces mondiales. La position peut devenir favorable ou défavorable en se trouvant, par exemple, à l'écart des échanges internationaux. La position d'une ville détermine ses fonctions mais, à chaque époque, celle-ci peut se valoriser ou se marginaliser. Tout dépend des systèmes techniques, économiques ou géopolitiques du moment. Le cas du Brésil est à cet égard très révélateur. Ainsi la colonisation européenne a tout d'abord privilégié le Nord-Est qui fut la première région conquise par les Portugais. À l'époque, elle était plus proche de l'Europe et l'occupation a concerné le littoral de Natal à Salvador de Bahia. Comme l'a bien souligné en 1948 Jean Gottmann, le créateur du terme de « mégalopolis », le « cœur du Brésil n'est plus depuis longtemps dans le nord-est » [*L'Amérique*, Hachette]. Roger Brunet a bien expliqué le rôle de ces « espaces de conquête » qui traduisent le désir de domination avec « une ou plusieurs bases, chacune avec sa pénétrante, l'une qui « réussit » mieux attire et retient le flux ». Il s'agit de relais vers l'intérieur : c'est le cas de São Paulo qui sera le point de départ de l'occupation vers l'ouest » [*La Carte, Mode d'emploi*, Fayard, 1987].

Rio de Janeiro, capitale du pays jusqu'à la création de Brasilia, est un bon exemple de cette installation coloniale. La baie de Guanabara fut découverte en 1502 par un explorateur, André Gonçalves. On pensa tout d'abord à un estuaire, qui prit le nom français de « Rivière de Janvier ». En 1565, le gouverneur général portugais fit construire une ébauche de ville qu'il appela *Sao Sebastido de Rio de Janeiro*. L'agglomération s'est développée sur une petite plaine alluviale littorale dominée par des montagnes : la *Serra do Mar* et la *Serra de Carioca*. Les pitons rocheux, au cœur de la ville, sont célèbres et on connaît le fameux « Pain de sucre » de 395 m et le Corcovado (704 m). La ville fut prospère, au XVIIIe siècle, grâce aux minerais du Minas Gerais et au transfert de la vice-royauté depuis Salvador de Bahia (1763). Le port devint très important et les transports se développèrent (voies ferrées dès 1858). Aujourd'hui, l'aire urbaine a 11 570 724 habitants [*Statistics Finland*, *Census Brazil*, 2005] mais sa croissance a été plus mesurée que celle d'autres villes comme São Paulo. L'État de Rio représente la deuxième économie du pays (84 % de la production pétrolière). La ville est aujourd'hui un pôle touristique mondial et accueille 40 % des touristes étrangers du pays. C'est aussi la capitale culturelle du Brésil (les universités par exemple). Il n'en reste pas moins qu'un tiers des habitants vivent dans les favelas illégales qui s'étendent sur les collines de la baie. Toutefois, globalement, la pauvreté diminue au Brésil. En 2007, le nombre de Brésiliens vivant au-dessous du seuil de pauvreté était inférieur à 20 % mais les villes accumulent ces classes défavorisées.

L'aire de **São Paulo** est la cinquième mondiale avec 19 037 487 habitants en 2005 [*Statistics Finland, Census Brazil*]. Elle est inséparable de Rio de Janeiro car il s'agit d'un axe urbain. Fondée en 1554 par les Jésuites, elle n'est pas située au bord de la mer mais à 820 mètres d'altitude sur un plateau. La ville fut le point de départ de la colonisation vers l'intérieur et c'est à São Paulo que fut proclamée, en 1822, l'indépendance du Brésil. L'essor provient tout d'abord de la culture du café et des conquêtes agricoles de cette partie du pays. Une riche bourgeoisie va accumuler les capitaux grâce à ces activités mais, jusqu'à la fin du XIXe siècle, la croissance urbaine est lente. En 1872, la cité n'avait que 26 000 habitants. La crise du café, à la fin de la première guerre mondiale, a transféré les investissements vers les industries textiles, mécaniques, sidérurgiques ou chimiques. Il s'agit désormais d'investissements internationaux et aujourd'hui São Paulo détient la plus grande partie des sièges sociaux des firmes industrielles ou tertiaires du pays. La cité est, par cela même, le principal centre financier du Brésil. L'importance de ses industries a provoqué des flux d'immigrations continus et São Paulo possède des populations ouvrières considérables. L'agglomération est cosmopolite car elle attire aussi bien des Brésiliens que des étrangers descendants d'Italiens, de Portugais, de Coréens ou de Chinois ; on totalise aussi un million de personnes d'origine arabe, syrio-libanaise surtout. Dans ces conditions, l'agglomération est immense et les immeubles modernes du centre, les belles résidences des quartiers riches s'opposent aux favelas qui sont apparues tardivement et qui abritent un million de personnes. L'explosion urbaine n'a jamais été canalisée et São Paulo illustre bien tous les défauts d'un gigantisme né d'une croissance désordonnée. Le modernisme des quartiers d'affaires ne doit pas cacher la dégradation des qualités de vie pour la majorité de la population. Roberto Setubal (président d'Itau, une grande banque privée) résume la situation en disant « la ville est un véritable chaos ». São Paulo illustre bien les contradictions de cette expansion des villes du « Sud », dynamiques, mais qui accumulent les problèmes : lieux de vie déplorables, absence d'équipements, de services de sécurité, fragmentation sociale, pollution, etc.

4. Un point commun : l'accroissement des taudis

Non seulement la croissance urbaine, au XXIe siècle, est spectaculaire mais elle s'accompagne d'une absence d'infrastructure, d'approvisionnement en eau, d'immeubles convenables. La pauvreté est — et sera — la conséquence d'une extension anarchique des villes, surtout dans les pays en voie de développement.

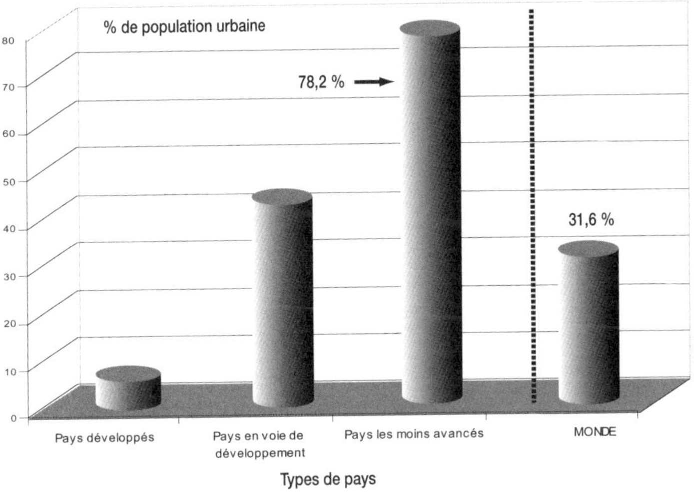

Les pourcentages de population dans les taudis

On utilise différents termes pour désigner, suivant les pays, ces taudis. Le plus courant est celui de « bidonville ». Le mot est employé, pour la première fois, dans les années 1950, pour décrire des habitats construits avec des détritus variés : bidons, tôles, cartons, etc. La caractéristique de ces bidonvilles est l'absence d'eau, de ramassage des ordures, d'écoles, de services de santé, etc. La plupart du temps, dans le monde, on a laissé se construire ces taudis le plus loin possible de la ville elle-même.

Dans ces conditions, environ 30 % des populations urbaines habitent dans ces bidonvilles ; par ailleurs, ce n'est pas seulement la population qui augmente mais les surfaces occupées par ces taudis.

Les statistiques sont évidemment à considérer avec prudence mais l'extension des bidonvilles est alarmante et ces taudis sont très différents suivant les régions. Il est difficile de recenser ces populations, souvent clandestines, et les autorités abaissent les chiffres si besoin est… Les noms de ces taudis sont variés suivant les pays : en Afrique du Sud, on parle de townships. Ce terme, utilisé dans les nations colonisées par la Grande-Bretagne, désigne à l'origine un campement de colons. En Afrique du Sud, par exemple, c'est souvent le gouvernement qui a voulu construire des bâtiments à l'époque de l'apartheid : le plus grand est celui de Kayeliysha près du Cap. Les bidonvilles sont, au contraire, des habitats illégaux, créés spontanément par des populations malheureuses. Suivant les pays, les taux de population vivant dans des taudis sont plus ou moins élevés : plus de 90 % en Éthiopie, en Tanzanie, mais plus de 85 % au Soudan ou au Bangladesh.

L'augmentation de la pauvreté : les populations misérables

Asie	Afrique subsaharienne	Amérique latine et Caraïbes
581 millions	199 millions	134 millions

Il est bien évident qu'il faut rapporter ces proportions à la population totale mais il n'en reste pas moins qu'en Asie centrale et du Sud le pourcentage de personnes habitant dans des bidonvilles avoisine 59 % ! L'accroissement naturel rapide de la population des « Sud » s'accompagne d'une émigration massive vers les villes mais celles-ci sont incapables de fournir des logements (ni même du travail) aux immigrants. La relation entre l'importance de la population des bidonvilles et les différents indicateurs du niveau de développement est très claire. Ainsi le seuil de pauvreté, qui est un niveau de revenu en dessous duquel un foyer est dans l'impossibilité de vivre convenablement, explique la prolifération des bidonvilles. Leur morphologie, c'est-à-dire leurs formes et leurs structures, varient suivant les régions. En Amérique latine, les favelas peuvent recouvrir des centaines de kilomètres carrés et avoir des millions d'habitants. Au Brésil, environ 13 % de personnes vivraient dans les favelas et dans des cités comme Belem : il s'agit de la moitié de la population. En Asie, ces taudis peuvent être plus exigus.

À Calcutta, les *Thika bustees* sont une accumulation d'îlots comprenant chacun cinq baraques, de tailles réduites : chaque habitation abrite, en moyenne, treize personnes ! Le problème de ces bidonvilles est l'accumulation de ces abris précaires, malsains voire mortels pour les populations. L'effondrement d'une école, près de Port-au-Prince, à Haïti, en novembre 2008, est le parfait exemple de cette misère. La région a été touchée par une violente tempête tropicale et les risques naturels provoquent des catastrophes en ne rencontrant que des constructions fragiles. Une école privée, « La Promesse », avait été construite sans armature en acier ou en ciment — c'est le cas de la plupart des édifices publics à Haïti. On a donc recensé 93 morts et 150 blessés. Cette école recevait les enfants de quartiers pauvres et avait été construite sans recourir à des ingénieurs… Dans les pays en voie de développement, l'origine de cette « explosion » des bidonvilles est tout d'abord la paupérisation des campagnes car les agriculteurs sont le plus souvent sacrifiés aux bénéfices du développement urbain. Par ailleurs, l'attrait des villes est indéniable car elles sont considérées comme des lieux où l'on va pouvoir vivre plus aisément en trouvant du travail. En dépit de la misère qui attend la plupart de ces immigrants, la croissance démographique urbaine ne cesse de s'amplifier.

En définitive il ne faut pas oublier que les villes ont toujours été des foyers de développement. Depuis la première révolution industrielle, les progrès sont liés à l'essor urbain qui est, en principe, synonyme d'équipements, de services. Comme l'indiquait un psychologue, il faut « rappeler les attraits de la ville, ses ressources culturelles, sa richesse humaine » [C. Levy-Leboyer, 1980]. C'est pour cette raison qu'il faut replacer la ville dans un concept plus large : comment concilier le vrai développement, la croissance avec la préservation de l'environnement et l'élévation des niveaux de vie ? Comme l'a bien résumé A. Bailly « Que ce soit dans les pays de vieille urbanisation, avec leurs quartiers bourgeois et leurs ghettos, ou dans les villes du tiers-monde, avec leurs bidonvilles de misère et leurs centres de prestige, la même question se pose : comment rendre ces villes plus humaines tout en conservant leur diversité culturelle ? »

Dans ces conditions, la croissance urbaine pose le problème de la réduction des inégalités mais également de la détérioration de l'environnement soumis à ce « bétonnage » désordonné. Comment, sur le long terme, élaborer une « ville durable » ?

4

Les villes du futur : la grande incertitude

La diversité des villes rend très difficile la prévision. Depuis la petite agglomération jusqu'à la mégapole, il est bien difficile de trouver des points communs. Toutefois il est nécessaire de tenter d'imaginer ces villes de demain ; les théories se multiplient, s'opposent et les spécialistes soutiennent des thèses souvent contradictoires. Néanmoins il est tout d'abord nécessaire de comprendre le concept de « ville durable ».

Le devenir à long terme des sociétés doit remplacer une croissance fondée sur la rentabilité à court terme. Les effets pervers des exigences de la mondialisation font se multiplier les conflits d'objectifs. Par ailleurs, le XXIe siècle représente une rupture avec les siècles précédents. L'urbanisation devient la préoccupation fondamentale compte tenu du fait que la majorité des populations va vivre dans des espaces urbanisés. Les problèmes déjà évoqués conduisent à se poser la question sur la nature de la « ville de demain ». Comment concilier compétitivité économique, progrès sociaux, protection de l'environnement, développement des campagnes ? La « ville durable » dépend du progrès des civilisations et des niveaux de vie. Quelle doit être la forme de la ville : poursuivre l'étalement spatial ou préserver la ville compacte qui laisse subsister les zones rurales et permet aux habitants d'être à proximité des services ?

Autrement dit si le concept de durabilité est primordial, il devient l'objet de débats car il y a des choix à faire. La pression de la mondialisation, de l'économie de marché et des stratégies à court terme des firmes entraînent une croissance urbaine désordonnée : la « bonne gouvernance » est fondamentale. Les entreprises privées ne se sentent pas concernées par la qualité du développement local.

Il faut pourtant savoir que les villes ont des qualités irremplaçables. La centralité est indispensable et depuis longtemps on sait, comme le remarque Paul Claval, que la ville est « une forme d'organisation de l'espace destinée à favoriser au maximum les interactions sociales » (1999). C'est un foyer d'échanges et de communication comme l'ont constaté des sociologues comme Jean Remy ou des historiens comme Raymond Lopez.

1. L'urbanisation : quels effets sur l'environnement ?

L'étalement urbain, quelle que soit sa forme, a des conséquences graves sur l'environnement. Ce terme est difficile à définir car il évoque, dans certains cas, le milieu « naturel » ou celui qui a été modifié par l'homme. Aujourd'hui bien peu de milieux sont « naturels » car ils sont dégradés, transformés depuis des millénaires. L'urbanisation n'est pas la seule responsable de cette situation. En effet au long des siècles, il fallait « maîtriser » la nature. Michelet a bien montré que le Moyen Âge développe l'idée de « l'anti-nature » car on doit dominer ces milieux « sauvages » et hostiles. La forêt a longtemps été assimilée à des espaces néfastes et hantés. Jusqu'à la première révolution industrielle du XIXe siècle, c'est l'agriculture qui est responsable des transformations des milieux et, aujourd'hui encore, l'intervention anthropique (surexploitation, destruction du couvert végétal, etc.) n'est pas uniquement due à l'urbanisation. Toutefois celle-ci, particulièrement puissante, s'intègre dans tout un système d'artificialisation du monde.

1.1 Le grand danger : la vulnérabilité des côtes

Les rivages sont désormais des lieux attractifs car ils possèdent de nombreux facteurs de succès. Du commerce au tourisme ou aux résidences secondaires, les côtes vont abriter la plus grande partie de la population mondiale. L'urbanisation littorale, discontinue, est cependant en forte progression et la mondialisation constitue l'une des raisons principales de cette attirance. La dégradation est un terme général car la transformation des littoraux revêt diverses formes : appauvrissement des écosystèmes, disparition des flores et de la faune littorale, remontée, pour des raisons humaines, du niveau de la mer, etc. Les littoraux sont des espaces fragiles, inséparables des mers qui subissent aussi les effets de l'urbanisation : 80 % de la pollution des Océans provient de la terre. Les effets de l'urbanisation dépendent des milieux physiques plus ou moins fragiles : ainsi les mangroves ou les barrières de corail sont très menacées. L'évolution des côtes provient des milieux économiques et sociaux. Les fonctions urbaines déterminent le façonnement des littoraux. Les installations portuaires, indispensables, bouleversent et polluent les rivages. On aboutit de plus en plus à l'artificialisation et, en France, certaines régions sont totalement transformées : 30 % pour les Côtes-du-Nord par exemple. L'artificialisation n'est qu'une forme de la dégradation des littoraux. Il s'agit de milieux dangereux. Comme l'indique André Dauphiné, « 53 % des désastres mondiaux sont situés sur un littoral » (2001). Ces catastrophes ont diverses origines et les contacts avec les mers provoquent l'accroissement des risques. Par définition les faibles pentes attirent les inondations. Le 15 décembre 2008, une lame de fond et des vagues de plusieurs mètres détruisent les baraques foraines et un manège du Luna Park de Cannes. On voit les conséquences d'installations trop proches de la mer. Le rappel de ce danger est donc indispensable pour comprendre les effets d'une urbanisation trop importante. À l'intérieur des terres, on constate déjà des inondations qui touchent des espaces construits de manière anarchique, sans étude des milieux naturels. On comprend l'importance des gouvernements, des autorités locales au cours des siècles : elles sont plus ou moins responsables du « laissez faire » ou de la protection des littoraux. Mais le tourisme, l'attractivité des côtes ou les besoins en transports varient considérablement. La pollution par exemple est un autre danger redoutable. Les origines sont multiples : industries de l'intérieur ou littorales, égouts des villes maritimes, déversements par les bateaux, marées noires, pesticides de l'agriculture. Les détergents ménagers, industriels sont rejetés en mer mais la pollution s'étend aux écosystèmes marins et littoraux.

1.2 Des espaces consommés, artificialisés, dégradés

L'urbanisation perturbe le fonctionnement des écosystèmes en détruisant la végétation, les espèces animales et en produisant des quantités extraordinaires de déchets et de produits polluants divers. La superficie des espaces consacrés à des usages urbains s'accroît. Ainsi, on estime à 476 000 hectares de terres arables transformées, chaque année, dans les pays en voie de développement. Les terres agricoles s'éloignent donc des villes, cependant cette urbanisation conquiert des espaces non cultivés mais fragiles : pentes montagneuses ou rivages. C'est le cas des favelas de Rio ou de São Paulo. On a souvent essayé de minimiser ou d'ignorer ces effets de l'urbanisation pour des raisons diverses : ignorance, intérêts des sociétés immobilières, des autorités locales et tout ce que l'on a pu appeler la « logique du marchand ». Dans l'univers de la mondialisation, les rivalités économiques, voire politiques, font passer les intérêts écologiques au second plan. Ainsi la perte des terres agricoles constitue, à l'échelle planétaire, le grand danger. La Chine voit disparaître, chaque année, environ un million d'hectares de surfaces de ce type : c'est à la fois l'urbanisation, l'industrialisation, la construction de routes qui font régresser ces terres. D'une manière plus générale, en incorporant les espaces ruraux, on totalise en un siècle, plus de dix millions de kilomètres carrés qui seraient dégradés de manière irréversible. Les besoins d'équipements sont souvent légitimes mais s'opèrent fréquemment dans des conditions dangereuses pour l'environnement : ainsi, le problème de l'eau, qui devient rare et se pollue, constitue un exemple. C'est surtout la périurbanisation qui est souvent la cause des dégradations. Le prix élevé des terrains dans les espaces centraux, le besoin d'espace poussent les particuliers et les entreprises à s'installer à la périphérie des agglomérations. Ainsi, en Europe, « l'étalement urbain » est important : un rapport de l'Agence européenne pour l'environnement (AEE) avait, en 2006, exposé les dangers de cette situation. De 1990 à 2000, environ 800 000 ha de territoires furent urbanisés. « L'étalement urbain reflète davantage l'évolution de nos modes de vie et de consommation que l'accroissement de la population » (Jacqueline McGlade, directrice de l'AEE). Les surfaces occupées par l'habitat augmentent plus vite que ces populations. En France, outre les équipements, les surfaces moyennes des habitations s'accroissent et l'habitat s'individualise : ainsi plus de 60 % des logements construits entre 1999 et 2004 sont des maisons individuelles : la proportion n'était que de 25 % dans les années 1960.

Il existe une grande diversité des évolutions mais un facteur commun à toute la planète est la menace qui pèse sur les rivages. L'urbanisation est sélective et des lieux sont recherchés. Le succès des littoraux, surtout à partir du XIXe siècle, se traduit par des transformations dangereuses de ces milieux fragiles. Déjà Victor Hugo dénonçait ces « maçonneries dont on caparaçonne la mer » : qu'aurait-il dit au XXIe siècle !

1.3 Des empreintes écologiques alarmantes

L'indice, élaboré par Mathis Wackernagel et William Rees, est un remarquable moyen d'évaluer la pression de l'homme sur la biosphère. Autrement dit, cette « empreinte » est un rapport entre les ressources consommées, dans un espace donné, et la capacité des écosystèmes à se reconstituer. De plus en plus souvent, la consommation dépasse les capacités de reconstitution. Entre 1961 et 2005, cette pression a doublé pour l'ensemble de la planète. Des pays comme les États-Unis ou les Émirats arabes ont les taux les plus forts mais le Maghreb, le Moyen-Orient, l'Europe ou l'Asie dépassent en moyenne largement les possibilités de régénération. D'après le Fonds mondial pour la nature (WWF), l'empreinte écologique de la planète est supérieure de 30 % à sa capacité de régénération !

Les villes des pays développés ou émergents, compte tenu de l'étalement urbain, ont de très fortes empreintes. D'après Lester R. Brown, les projections sur l'avenir sont inquiétantes. La ville est comme un organisme vivant qui consomme et produit des déchets. Réduire l'empreinte passe par la gestion de ces flux.

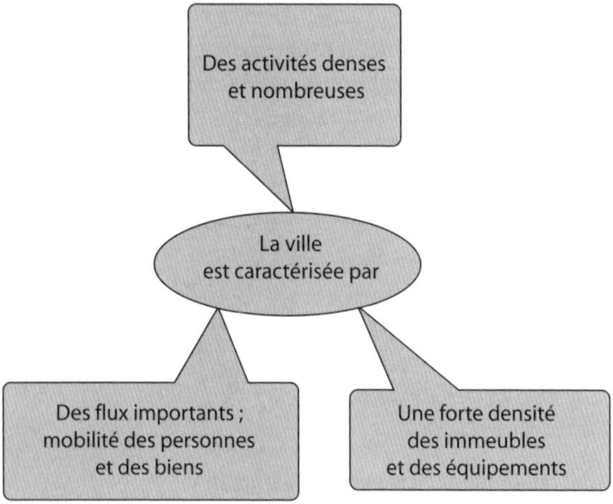

La ville et l'interaction de trois facteurs

Les sociétés ont de gros besoins mais la pression sur la biosphère est très variable. Ainsi aux États-Unis, la surface urbaine a doublé depuis 1960 et représentera, au milieu du XXIe siècle, plus du tiers du territoire. Les dix plus grosses agglomérations utilisent 20 % des ressources écologiques mondiales : la « mégalopole » du Nord-Est, avec New York, a besoin à elle seule de 5 %... Mais les pays en voie de développement, caractérisés par une croissance rapide, sont aussi de gros consommateurs ; la Chine absorbe 10 % de l'énergie primaire mondiale. Surtout, on ne doit pas oublier un aspect de la mondialisation : c'est le consommateur qui est responsable de l'empreinte même si le produit importé (des chaussures, des vêtements, etc.) est fabriqué à l'autre bout du monde car c'est l'empreinte du consommateur qui est comptabilisée. Ainsi, plus une société consomme, dans un espace donné (la ville par exemple), plus la pression de l'homme est élevée.

1.4 La Méditerranée : de « l'hypertrophie littorale » à la prise de conscience

Pour bien comprendre les dangers d'une occupation croissante de l'espace, il faut étudier le cas des rivages méditerranéens. Cette mer, presque fermée, offre des rivages superbes et de brillantes civilisations se sont constituées très tôt. L'ancienneté du fait urbain et la réputa-

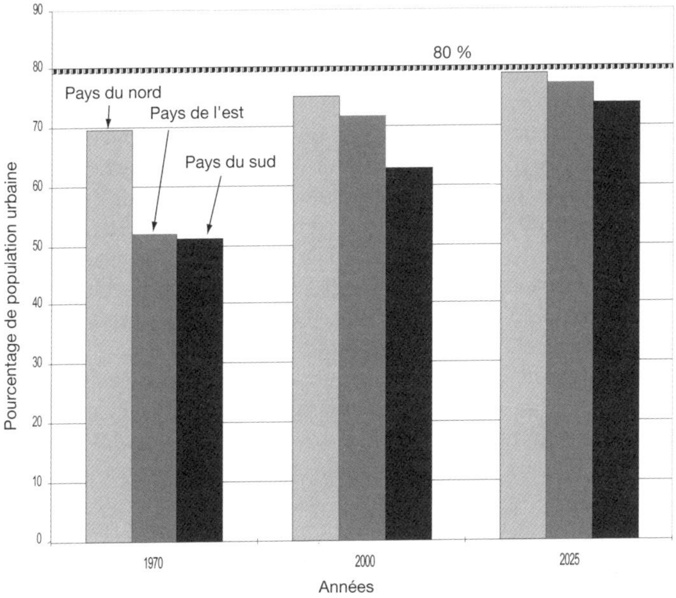

Les proportions de population urbaine des régions côtières méditerranéennes

tion de villes devenues des symboles, comme Alexandrie ou Venise sur l'Adriatique, sont aujourd'hui un facteur de croissance des régions côtières. On a évalué la population urbaine de ces littoraux : en calculant le pourcentage de celle-ci par rapport à la population côtière, on s'aperçoit de l'accroissement constant de l'urbanisation et du rattrapage des villes de l'Est et du Sud de la Méditerranée.

Si, en 1970, il existe une forte différence entre les pays riverains du Nord et les autres littoraux de la Méditerranée, l'écart se réduit et, à l'horizon 2025, on prévoit des proportions qui s'échelonnent de 74 à 79 % pour toutes les côtes. Le tourisme va s'amplifier et, en étudiant la période 1990-2002, la croissance de ces visiteurs nationaux ou internationaux augmentera probablement de plus de 130 % ! Les pressions de toutes sortes ne peuvent que s'accroître. Si aujourd'hui la part des côtes qui est artificialisée se monte à 42 %, des différences très marquées s'observent. Ainsi, en Israël, l'artificialisation atteint 100 % comme dans les territoires palestiniens. Il en est presque de même au Liban avec 88 % ! Selon des projections, l'artificialisation d'une bande côtière, de 0 à 10 km pourra devenir maximum en Espagne, en Italie ou en Turquie. En moyenne, on estime la progression de cette artificialisation à 200 km par an. À cette artificialisation s'ajoutent d'autres fléaux comme la pollution ou la dégradation des ressources en eau du littoral. Ainsi 50 % des villes de plus de 100 000 habitants sont dépourvues de stations d'épuration. Les pressions humaines se multiplient. Toutefois des politiques littorales sont menées dans différents pays de manière bien différente. Suivant les conditions nationales et régionales, la protection des littoraux varie considérablement. Des politiques, depuis quelques décennies, protègent certains littoraux mais, en plus de pressions actuelles, il faut gérer les héritages. Des constructions énormes ont souvent été édifiées en bord de mer. Parfois, heureusement, des projets n'ont pu aboutir. Ainsi, à Hyères, dans le Var, face aux îles de Porquerolles, de Port-Cros, du Levant, on avait pensé, dans les années 1970 construire une cité lacustre pour 40 000 personnes sur des plans d'eau fragiles ! Il fallait aussi prévoir des centaines d'emplois, des services, des équipements et des parkings… Les ports de plaisance sont souvent « l'habillage » d'opérations immobilières. En 1970, un document du ministère de l'Équipement, concernant la Côte d'Azur, fait la remarque suivante : « L'espace est dévoré et si on n'y prend garde risque de se dévaloriser ou de se dégrader ». L'urbanisation devient excessive et parfois anarchique. Depuis lors, la loi « littoral » a bien protégé les côtes (1986) car elle interdit la construction sur une zone de 100 mètres à partir du rivage, mais les contraintes ont souvent été détournées. Quoi qu'il en soit le tourisme littoral accueille chaque année, en France, 35 millions de personnes et la fréquentation des rivages est en progression. Pour les communes, le tourisme est une source considérable de profits.

L'exemple de la Méditerranée est particulièrement significatif. En effet, la très ancienne occupation humaine et la très riche biodiversité donnent à ce patrimoine mondial une importance exceptionnelle. Quelques chiffres permettent d'évaluer cette richesse et les dangers d'une urbanisation continue des zones côtières :

- La mer renferme 7 % des espèces de flore et de faune marines du monde.
- 7 % de la population mondiale.
- 31 % du tourisme international.
- 46 000 km de côtes.
- 30 % du trafic maritime mondial.
- 25 % du trafic mondial d'hydrocarbure traverse la Méditerranée.
- 8 % des émissions mondiales de CO_2 sur 5,7 % des surfaces émergées du globe.
- Un axe majeur de la « fracture Nord-Sud ».
- 13 % du commerce mondial de biens.
- En 2025, 90 millions d'urbains sur les villes littorales.

La superficie des sols artificialisés a donc augmenté constamment. Il existe des disparités entre les régions mais, en Europe par exemple, l'extension des surfaces aménagées est en relation avec les très fortes urbanisations. C'est toujours la bande de 1 kilomètre qui est la plus touchée et les côtes ont des artificialisations qui croissent plus vite qu'à l'intérieur. Dans la zone de 10 km, on observe une évolution rapide de l'artificialisation des côtes.

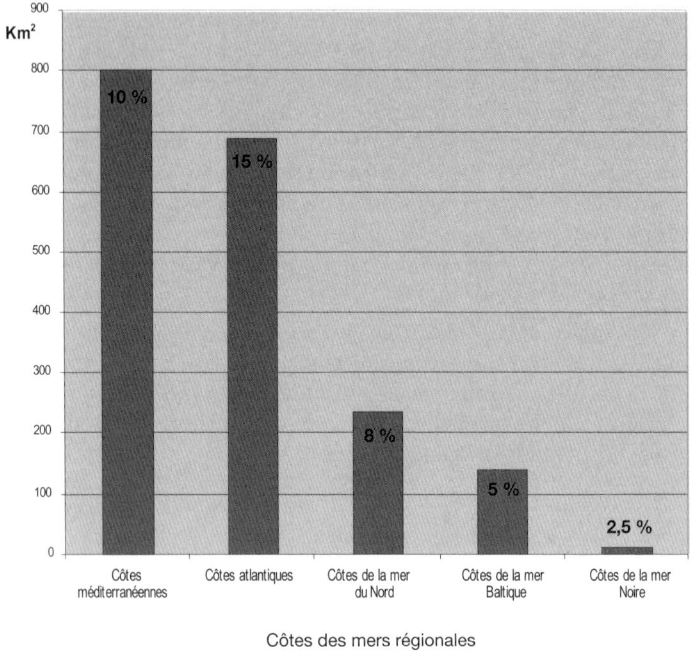

L'augmentation des sols artificialisés autour des mers européennes (1990-2000)

Ainsi la croissance des surfaces urbaines artificialisées s'élève à 34 % au Portugal, 27 % en Irlande et 18 % en Espagne. Des écarts importants entre les pays sont surtout visibles à l'échelle régionale et locale. C'est pour cette raison que le concept de développement durable s'applique particulièrement à la Méditerranée. Avec ses « sites critiques » et sa réputation, il faut mettre un frein à son urbanisation linéaire et aménager le développement touristique.

Depuis les années 1970, les 21 pays riverains de la Méditerranée et la communauté européenne ont voulu protéger cette mer. Compte tenu du fait que la pollution est le plus souvent d'origine continentale, le Plan Bleu fut une action conduisant à étudier les impacts de la croissance socio-économique sur l'environnement. Le « futur » est le point fort de cette démarche qui analyse les différents scénarios possibles. On peut résumer ainsi les différentes étapes de cette coopération entre les pays et les institutions internationales :

- 1972 : Sommet des Nations unies à Stockholm sur l'environnement.
- 1975 : les pays riverains de la Méditerranée réunis à Barcelone, sous l'égide des Nations unies, conçoivent un Plan d'action pour la Méditerranée (PAM).
- 1992 : Sommet de la Terre : conférence de Rio de Janeiro adoptant des recommandations (Agenda 21) pour le XXIe siècle.
- 1994 : Agenda MED 21 à Tunis.
- 1995 : à Barcelone, révision du PAM (PAM II).
- 1996 : mise en place à Montpellier d'une Commission méditerranéenne du développement durable.
- 2002 : conférence de Johannesburg.
- 2005 : stratégies méditerranéennes pour le développement durable. Le Plan Bleu, fin 2005, publie un rapport sur les perspectives.
- 2006 : Horizon 2020.
- 2008 : Almeria : protocole et gestion des zones côtières.

On observe donc les efforts et les progrès réalisés depuis plus de trente années. Il faut renforcer les luttes contre la pollution et freiner l'urbanisation (avec des coupures vertes) afin de préserver les littoraux de qualité. À titre d'exemple, on doit citer la démarche « Imagine », qui est une série d'expérimentations tout d'abord à Malte et qui repose sur les problèmes locaux. Le principe repose sur quatre facteurs.

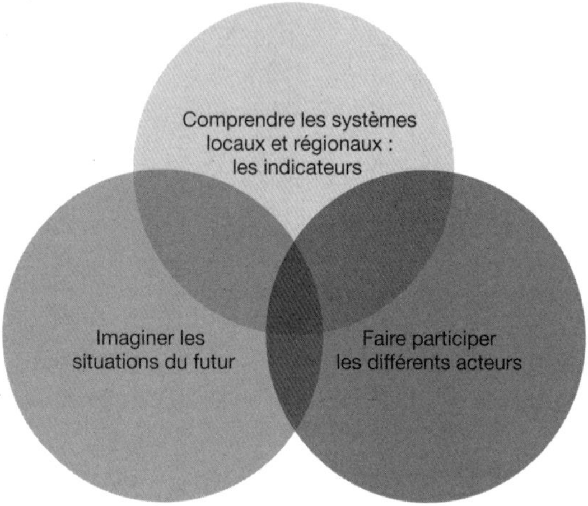

L'approche « Imagine »

L'évocation du Plan Bleu montre bien les efforts qui sont désormais déployés même si bien des obstacles demeurent. Le développement urbain est donc un objectif capital.

2. La « ville durable » : une éthique et des conflits d'objectifs

Gabriel Wackermann pense qu'il n'y a « guère de progrès réel, durable, sans que la pensée et l'action n'aient un fondement éthique » (2008). Par ailleurs, comme l'écrivait Albert Schweitzer, « notre époque dans son insouciance, en est arrivée à penser que la civilisation consistait avant tout en réalisations pratiques, scientifiques, techniques, artistiques et qu'elle pouvait bien se passer d'éthique ou n'en garder qu'un minimum » (1976). Toutefois, depuis quelques décennies, les visions catastrophiques de l'urbanisation sont à la mode ; la plupart des chercheurs en sciences humaines étudient ces environnements stressants et on a même été jusqu'à essayer de prouver la nature pathogène de la grande ville qui développerait les maladies mentales... L'ignorance, dans les pays développés, de la vie dans les campagnes, dans les milieux naturels, caractérise bien le citadin du XXIe siècle qui imagine le travail aux champs comme une activité idyllique. L'urbanisation incontrôlée, les impitoyables lois du marché, provoquent des effets catastrophiques. Les pressions grandissantes sur l'environnement, l'égoïsme des pays riches ne sont que des facteurs, parmi d'autres, de ces modes d'urbanisation qui accroissent les risques. Le développement durable doit donc lier bien-être et préservation des écosystèmes mais en associant le progrès durable à une éthique.

2.1 Du global au local : le rôle majeur de l'échelle

Il faut rappeler la phrase de Goethe concernant la mode des critiques destructives : « Toute œuvre d'opposition est une œuvre négative, et la négation, c'est le néant. Il ne faut pas renverser, il faut bâtir ». L'idée de développement durable est relativement tardive : un Sommet des Nations unies, à Stockholm, pose la question d'un développement préservant l'environnement (1972). En 1980 apparaît le concept de « *sustainable development* » qui est différent de durable car il équivaut à « supportable ». C'est le fameux « rapport Brundtland », du nom de la présidente de la commission, qui fait connaître cette idée de développement. La conférence de Rio, en 1992, établit une « charte de la terre ». L'Agenda 21 construit un programme pour le XXIe siècle (on parle aussi « d'action 21 ») qui s'applique aux conditions locales. Les « sommets » internationaux vont se succéder. Pour René Passet, le développement durable pose un certain nombre de défis :

– le défi de la « multidimensionnalité » c'est-à-dire la liaison des activités économiques, des milieux naturels, des problèmes sociaux culturels ;

– le défi de la longue durée ;

– le défi de l'éthique, autrement dit quelles sont les raisons profondes, morales d'une action ? Par exemple : à qui profite une production ? [*L'économie et le vivant*, Economica, 1996]. Les systèmes économiques ne sont pas toujours compatibles avec un véritable développement en donnant au mot son sens véritable. Les intérêts particuliers sont le plus souvent en contradiction avec le bien général.

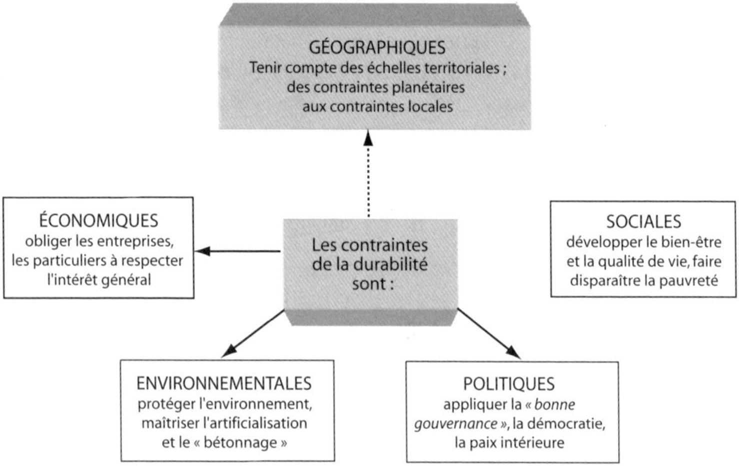

Les contraintes de la durabilité

2.2 Différents niveaux de mise en œuvre

En géographie, la prise en compte de ces différentes échelles territoriales est capitale. Des impératifs, compréhensibles à l'échelle planétaire (politiques sur l'effet de serre, protection des océans, des forêts, etc.), doivent tenir compte des conditions régionales. L'espace est hétérogène mais il faut partir, pour comprendre la psychologie des sociétés, du besoin des hommes de s'enraciner, d'avoir un domaine familier : c'est toute l'importance du quartier urbain. Dans ces conditions, il est dangereux d'appliquer à des espaces locaux des mesures générales. Les grands programmes planétaires sont en effet parfois inapplicables dans des lieux précis. Ainsi lutter contre la pauvreté des banlieues suppose la connaissance exacte des conditions locales, des identités, des héritages. En revanche des enjeux internationaux doivent s'attaquer aux mauvaises pratiques locales : extermination des animaux, inégalités sociales liées aux racismes, coutumes irresponsables, etc. Contrairement à un thème très à la mode, il n'y a pas de contradictions entre le *local* et les *objectifs globaux*. En effet, le respect d'une éthique mondiale permet d'appliquer, sur le plan local, des mesures nécessaires même si elles déplaisent. Mais on ne peut pas dire que « la contrainte écologique n'a de sens absolu qu'au niveau planétaire » [O. Godard, 1999].

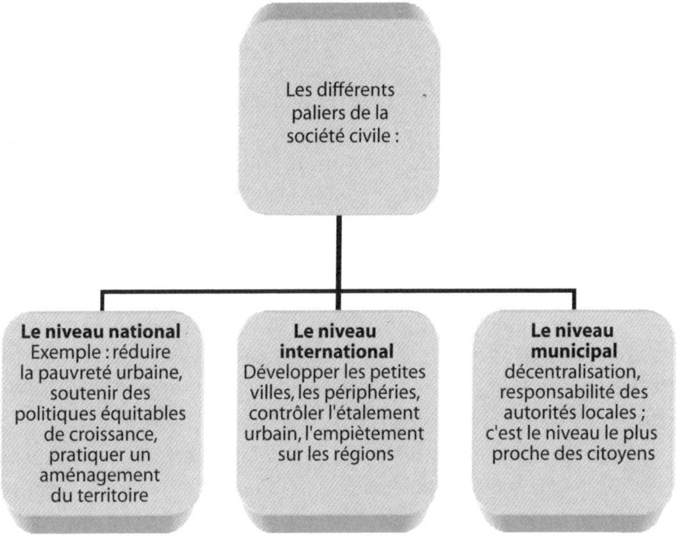

Trois niveaux essentiels

Le problème est, dans ces conditions, mal posé. Le même auteur, au sujet de ce développement durable, évoque un « paysage intellectuel » et de « bonnes intentions »… Depuis le début de l'humanité, on sait qu'il faut adapter des règles générales aux cas particuliers : c'est ce que font quotidiennement les gouvernements des états. Il y a une interdépendance entre tous les niveaux de l'espace : c'est le fondement de l'analyse systémique. Autrement dit il y a interaction permanente entre le développement local et le développement mondial. De grandes mesures mondiales sont indispensables : pollution dans les villes — ou par les villes — nuisances liées aux bruits, déchets, effets sur la santé des nuisances urbaines, etc. Le « Sommet des villes » à Istanbul en 1996 a établi la nécessité de donner, dans chaque pays, une priorité aux politiques nationales de développement urbain. En effet, en dehors des décisions mondiales, la maîtrise de l'urbanisation suppose plusieurs niveaux.

Il faudrait d'ailleurs ajouter un quatrième niveau que l'on peut appeler « communautaire » : celui-ci concerne l'amélioration du bien-être des citoyens pauvres. Comme le souligne l'Agence canadienne de développement international à propos des villes durables, « en milieu urbain la pauvreté se traduit par un manque d'accès aux services de base, l'absence d'un emploi productif régulier, de ressources économiques, d'une représentation efficace de sécurité et de justice ». Les grands projets de « villes durables » proposent des orientations parfois inconciliables ; ainsi deux stratégies s'opposent :

– on peut, tout d'abord, densifier l'habitat pour réduire la consommation d'énergie, d'espace, de ressources naturelles, de régions agricoles. Cette densification va dans le sens du rétablissement des équilibres (émissions de CO_2 par exemple) ;

– une deuxième possibilité repose sur la disparition de la rupture ville/campagne avec un étalement de l'habitat : d'une certaine manière, c'est la fin du concept de ville. Une végétation urbaine se développerait dans l'agglomération qui ne serait plus uniquement une masse de constructions.

Ces deux stratégies sont inconciliables car l'extension urbaine désordonnée fait déjà disparaître la notion de campagne. Quoi qu'il en soit la préoccupation essentielle du développement durable est la protection de l'environnement. Comment maîtriser la destruction des écosystèmes, des espèces animales et végétales ? Quelle est donc la forme la meilleure : la ville compacte ou la ville polynucléaire ? Dans tous les cas, l'agglomération doit consommer, aujourd'hui, moins d'énergie, moins d'espaces.

2.3 Des objectifs contradictoires ?

Le débat sur la ville du futur est une priorité du développement durable. La question essentielle est la suivante : comment concilier la croissance urbaine et la préservation des écosystèmes ? On évoque souvent aujourd'hui des projets qui seraient « contradictoires »... Le terme est à la mode et couvre des dizaines d'articles sur Internet. Ainsi quelques « façons de voir » peuvent sembler inconciliables.

On pourrait abolir la coupure ville/campagne en développant une « végétation urbaine », conduisant à un étalement de l'habitat. On a aussi évoqué « la ville à la campagne » avec des « villages urbains »...

Inversement, on peut intensifier l'habitat ; il s'agit de la ville limitée qui ne s'étire plus : ce qui entraînerait des économies d'espace, d'énergie et freinerait la pression sur les zones périurbaines. Il ne s'agit donc pas de vouloir « concilier l'inconciliable » comme on a pu l'écrire mais d'envisager les diverses opinions. Les économistes ont très bien compris la question, en parlant à propos de la complexité de la croissance économique, de « conflits d'objectifs ». Il ne s'agit pas de désigner ainsi les intentions égoïstes, intéressées et les intérêts financiers à court terme. On peut, au contraire, comprendre les divers regards des spécialistes en fonction de leurs professions. Ainsi les écologistes ont raison de vouloir préserver la nature ; de même les urbanistes peuvent insister sur la centralité, c'est-à-dire le concept même de ville. Pour l'architecte c'est le paysage des constructions qui importe : toutefois il est inséparable de l'urbanisme. Les « horreurs paysagères » des années 1950-1960 sont là pour montrer les dangers des projets architecturaux inhumains. Le point de vue de l'homme politique, du gouvernant, est essentiel. Que peut-il faire face à tous les obstacles ? Un autre regard est également fondamental : il s'agit de la dimension symbolique de la ville. La dimension culturelle joue un rôle majeur. Comme l'avaient excellemment expliqué Micheline Cosinschi et Jean-Bernard Racine, la « ville est faite autant d'idées que de pierres et d'habitants [...]. Ce n'est pas qu'un espace bâti de pierre et de béton » (1991). Une cité est aussi un lieu de travail et les qualités économiques et sociales des milieux sont essentielles. La ville ne doit pas s'apparenter à la misère et à l'insécurité.

Le développement durable des villes est totalement dépendant du niveau de développement de la région, du pays concerné. Évoquer ce concept de durabilité dans une nation où l'IDH (indice de développement humain) est de 0,273 (sur 1...), comme en Sierra Leone, n'a aucun sens. De même en Afghanistan le PIB par habitant, à parité de pouvoir d'achat, est inférieur à 200 dollars : toute évolution positive doit passer par l'amélioration des niveaux de vie. Ainsi les économistes ont bien analysé les conflits d'objectifs dans le cas de la croissance économique rapide. Celle-ci est souhaitée par tous les pays qui ont les yeux rivés sur l'évolution de cette croissance. Or celle-ci « peut cependant entrer en conflit avec d'autres objectifs de politique économique. Par exemple des politiques économiques de croissance élevées sont considérées comme encourageant des activités productives qui endommagent l'environnement par la pollution, qui désorganisent l'équilibre écologique et qui épuisent trop rapidement nos ressources naturelles non reproductibles » [R. Granier, J.P. Giran, 1984, *Analyse économique*, Economica].

Il en est de même pour la croissance urbaine qui doit impérativement respecter trois conditions : améliorer le niveau de vie, maintenir les équilibres écologiques et concevoir des structures dans la durée. À la notion obsolète des « contradictions » du développement durable on doit préférer, d'une façon plus réaliste, la question des nombreux obstacles qui empêchent la réalisation des villes durables.

3. Des lieux très vulnérables ?

L'urbanisation suppose une agglomération des populations et une artificialisation des paysages. Une ville s'étend sur des espaces plus ou moins soumis à des risques naturels ; certaines zones urbaines sont très exposées. Le niveau de développement permet de mieux prévoir ces dangers mais il faut faire une distinction fondamentale entre « prévoir » et « prédire » : dans le premier cas, on estime que le danger est probable mais sans pouvoir fixer de date précise. Seule la prédiction donne une date mais elle est impossible à réaliser !

3.1 Les dangers des risques naturels

Les sites sont donc fondamentaux : l'implantation de lotissements dans des zones inondables est courante. La perception des risques est très mauvaise et l'on oublie souvent, malgré les progrès de la science, les accidents anciens. Ainsi les dangers d'inondation sont très répandus dans le monde. Comme l'indiquait fort bien Yvette Veyret « les risques urbains sont largement liés à l'eau. Les inondations concernent de nombreuses villes en France » (1999). L'attraction des rivières, au long des siècles, la beauté des paysages et l'intérêt des promoteurs ont toujours favorisé ces constructions à proximité de l'eau. Dans la région parisienne (en dehors du désastre de 1910), on a vu se succéder des inondations, moins fortes mais inquiétantes : 1924 (7,30 mètres), janvier 1955 (7,10 mètres), janvier 1982 (6,13 mètres), décembre 1999 (5,19 mètres).

On pourrait croire, avec le progrès technique, que les risques ont disparu ou ont diminué. Cependant les constructions et leurs situations sont, d'après les experts, plus fragiles. Les banlieues en particulier seraient très touchées. Un directeur de la gestion des eaux au ministère de l'Environnement a même estimé qu'une inondation pourrait paralyser totalement le métro et le RER. En effet, aujourd'hui, les équipements sont plus complexes qu'en 1910 et par conséquent plus fragiles. Par ailleurs l'urbanisation s'est propagée sur les bords de la Seine et de ses affluents, accentuant ainsi les risques. Depuis 1910 on a considérablement amélioré les moyens d'alerte ; il n'en reste pas moins qu'une crue équivalente à celle de 1910 se répandrait sur 250 km^2 en région parisienne et toucherait, d'une façon grave, 500 000 personnes. Les cartes dressées pour évaluer les zones de dangers montrent qu'en région parisienne les risques avec enjeux humains couvrent de vastes surfaces depuis Cergy au nord-ouest jusqu'à Melun au sud-est. Pourtant les crues de la Seine n'ont pas la brutalité d'autres bassins du monde, surtout dans les pays en voie de développement.

Les inondations de Paris en 1910

On se souvient des célèbres crues de la Seine, à Paris, fin janvier 1910 : 15 % des immeubles parisiens furent touchés et plus de 200 000 personnes furent obligées de quitter leur logement. On a coupé l'électricité et la gare Saint-Lazare a failli s'écrouler ! Le désordre est tel que les députés se rendent en barque à l'Assemblée nationale. Cette crue « centennale » a vu une montée des eaux de 8,62 mètres au pont d'Austerlitz et les cuisines du Palais de l'Élysée ont été remplies par un mètre d'eau. D'autres villes riveraines de la Seine ont été touchées et la décrue a demandé plusieurs dizaines de jours. Il n'en reste pas moins que le bilan a été désastreux : 20 000 immeubles inondés et les dégâts furent également importants dans les banlieues. Une question se pose aujourd'hui : un malheur semblable pourrait-il se reproduire ? En Île-de-France, les risques sont encore certains.

Dans les pays les plus pauvres, la vulnérabilité des populations urbaines est considérable. Tout d'abord les risques sont mal prévus et les interventions après les catastrophes trop lentes et insuffisantes. D'autre part les populations pauvres n'ont pas le choix et s'établissent dans des zones dangereuses : zones inondables, pentes en voie d'érosion, etc. En 2008, un cyclone a fait plus de 350 morts en Birmanie. Les rues de Rangoun ont été dévastées et la lenteur des secours a multiplié les décès. La catastrophe peut venir de séismes. Ainsi en Chine, en 2008, dans la ville de Dujianyan de la province de Sichuan, 800 lycéens ont été prisonniers sous leur collège en ruines. On pourrait ainsi multiplier les exemples. Si dans les pays riches les moyens sont très importants pour prévoir et intervenir, il n'en reste pas moins que l'artificialisation des milieux constitue un danger permanent.

3.2 Des systèmes techniques de plus en plus vulnérables

Comme on l'a constaté, depuis une vingtaine d'années, les risques technologiques, liés à l'implantation d'une structure industrielle ou énergétique ont fortement reculé en France. Mais il n'en reste pas moins que le danger existe. La notion de « ville » n'a plus de sens dans ce cas car on assiste à une urbanisation diffuse.

Aujourd'hui les pays développés conçoivent mal ces risques qui ne sont pas totalement « naturels ». En effet, les paysages sont si humanisés qu'il est curieux de parler de « catastrophe naturelle ». Si une crue fait déborder un fleuve, il faut savoir que son cours a été le plus souvent transformé ; les rives sont recouvertes avec des habitations et des routes. Cette artificialisation de l'espace accroît la vulnérabilité des agglomérations. Le besoin de place, le désir de construire font oublier les dangers. La déforestation, les transformations des réseaux hydrographiques accentuent les risques. Il est donc impossible désormais de dissocier la part du « naturel » et la responsabilité des hommes : ceux-ci multiplient, par les modifications anthropiques, les déséquilibres.

La ville se trouve confrontée à une « société du risque » selon l'expression d'Ulrich Beck. Les nouvelles technologies, dans les pays dits avancés, accentuent la vulnérabilité et font apparaître à la fois les bienfaits du progrès et une nouvelle génération de risques. L'urbanisation a désormais pour objet de refaçonner totalement la nature.

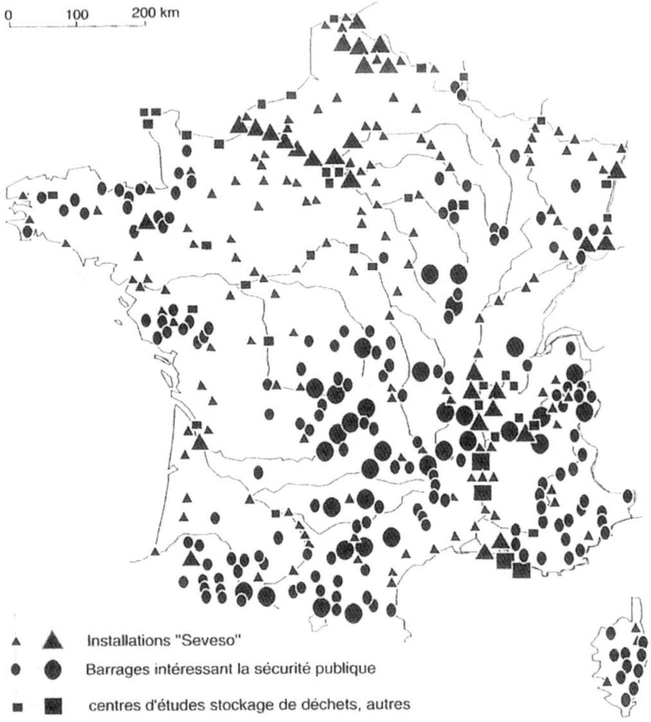

« Les installations technologiques dangereuses en France »
(Source : DAUPHINÉ A., 2001, *Risques et catastrophes*, p. 65, Armand Colin.)

3.3 Les violences d'origine géopolitique : l'expression de la pauvreté

Les villes sont les terrains privilégiés de la violence, des attentats, des guerres civiles ou des génocides. Il existe en effet aussi aujourd'hui plus d'une dizaine de nations « dangereuses » sans compter les régimes dictatoriaux ou peu démocratiques. Il est donc inutile de parler de « ville durable » dans un pays en crise. Aujourd'hui un état africain sur quatre souffre de conflits armés. Selon l'OMS (Organisation mondiale de la santé), le nombre de morts en Afrique est considérable même s'il est difficile de l'évaluer et des millions d'Africains sont obligés de s'enfuir de leur village ou de leur pays. Presque la moitié des conflits des nations en voie de développement sont en Afrique. À la guerre s'ajoutent les crises économiques, les maladies, les réseaux terroristes. Le plus souvent les programmes de « développement » n'existent pas compte tenu des gouvernements ethno-nationalistes fondés sur l'inégalité et le clientélisme.

On retrouve les mêmes problèmes, avec des causes différentes, adaptées aux conditions régionales, en Corée du Nord, en Somalie, en Irak ou en Afghanistan. Comme l'indique Alexandre Adler, « les états les plus exposés à cette violence sont ceux du grand arc d'instabilité qui va de l'Afrique subsaharienne, qui traverse l'Afrique du Nord, pénètre au Moyen-Orient, se poursuit dans les Balkans, le Caucase, remonte vers l'Asie du Sud et l'Asie centrale et atteint certaines parties de l'Asie du Sud-Est ». L'auteur ajoute « c'est la capacité des États à gouverner qui déterminera l'existence et la portée véritable des conflits. » [*Comment sera le monde en 2020*, Robert Laffont, 2005].

On comprend mieux, dans ces conditions, les difficultés de la création des « villes durables » dans les pays pauvres et en voie de développement. Alphonse Yapi-Diahou pose très bien la question : « Comment planifier durablement et respecter des orientations et des options quand la puissance publique, l'État ou ses représentants, ne maîtrise pas ce qui est essentiel pour contrôler la production, l'organisation de l'espace urbain ? ». Dans ces conditions, « l'État n'est plus un modèle » (2009). Ainsi, par exemple, dans les grandes agglomérations africaines, les cars, les camions, les voitures qui devraient aller à la casse, compte tenu de leur vieillesse, sont des engins inquiétants : la pollution provoquée est considérable.

4. Des obstacles à surmonter mais des progrès incontestables

Il est impossible de citer tous les facteurs qui nuisent au développement durable : on doit néanmoins connaître les obstacles principaux qui s'additionnent et se mêlent en multipliant les effets désastreux.

4.1 La mondialisation : une croissance incontrôlée ?

Il faut tout d'abord éviter de faire de la mondialisation le bouc émissaire des maux contemporains. Les différentes phases de l'évolution (internationalisation, transnationalisation, globalisation) ont provoqué des effets positifs et négatifs. Dès le XIXe siècle, les pays, les régions sont en concurrence : la conséquence est un accroissement des inégalités. On connaît les effets de la croissance économique rapide : celle-ci a permis à de nombreuses nations de « décoller ». On a parlé de « miracle » à propos des succès de certains États asiatiques, dès les années 1970, comme Taïwan, la Corée du Sud ou la Chine. Le tiers-monde a « explosé » et les contrastes sont devenus frappants. Toutefois, dans une première phase, cette croissance rapide se traduit par une augmentation de la pollution, une urbanisation désordonnée et un abandon des espaces moins rentables. L'exploitation excessive des ressources a un coût environnemental énorme. La spécialisation des tâches s'accompagne d'une évolution rapide des marchés : d'où les délocalisations, les fermetures d'usines et une instabilité désormais constante.

La croissance a donc — il faut le répéter — des effets pervers : extension incontrôlée des villes, pollution, destruction des ressources naturelles. L'erreur souvent faite est la confusion entre croissance et progrès. Ce dernier terme implique la diminution des inégalités des revenus et des conditions de vie alors que la croissance économique accentue souvent les inégalités sociales et spatiales. Ainsi la cherté des terrains, dans les zones convoitées, est impressionnante. L'immobilier de luxe connaît un essor redoutable avec des prix de résidences à 35 000 euros/m^2 à Londres, Monaco, Tokyo et désormais Moscou. Dans cette ville, il existe un quartier de « milliardaires » surnommé « *Rublevska* » devenu une sorte de « ghetto pour riches » comme l'indique la presse russe. L'étalement urbain est donc très sélectif et touche aussi bien ces grandes métropoles que les petites villes. Il s'opère tout naturellement un « tri social » qui provient de cette croissance non régulée.

4.2 La complexité des divisions administratives

Le développement durable des villes doit faire intervenir des représentants se situant soit au niveau des exigences planétaires soit, à l'autre extrémité, au niveau local. Comment concilier ces différentes échelles ? Chaque problème doit être résolu à un certain niveau. Ainsi la mondialisation, ses contraintes, ses effets exigent des solutions à l'échelle internationale. Or, les grandes institutions mondiales ont bien du mal à faire appliquer leurs décisions. On évoque une « crise » de ces organismes mais c'est plutôt la résistance des États qui est à l'origine du malaise. Un consensus mondial est encore une utopie : comment faire appliquer des décisions en Irak, en Afghanistan, au Rwanda ou en Corée du Sud ? Par ailleurs, le très grand nombre de partenaires, de décideurs publics et privés, accroît le malaise. En définitive la « ville durable » doit s'élaborer au niveau du quartier, des territoires vécus : les plans d'aménagement devraient se discuter entre les résidents. Les divisions administratives, différentes suivant les pays, sont souvent de véritables frontières. En Europe, par exemple, on peut opposer « l'agglomération morphologique » (un continuum bâti) et la région urbaine administrative, plus étendue ou plus restreinte suivant les villes : or c'est dans ce cadre administratif que les crédits, les politiques sont définis. À ces divisions, il faut opposer la spécificité des quartiers et la façon de voir des habitants. Dans ces conditions comment faire coïncider les directives centrales et les intérêts locaux ?

Le cas de la France est très intéressant : cette vieille nation qui a connu de nombreux découpages administratifs au cours des siècles a une profusion de communes : 36 783 ; il faut ajouter, à un niveau supérieur, 96 départements métropolitains et 26 régions (avec l'outre-mer). Les villes doivent donc se replacer dans ce contexte. Afin d'améliorer la coopération des communes qui ont des « intérêts communs », on a créé « l'intercommunalité » : en théorie des lieux proches doivent coopérer. Ce n'est pas toujours le cas compte tenu des difficultés de ces associations ; ainsi, la communauté de Toulon-Provence-Méditerranée comprend 11 communes. Toutefois, certaines villes comme Hyères (face aux îles de Porquerolles, du Levant et de Port-Cros) ou Carqueiranne sont des zones touristiques qui devraient être liées à des communes aux fonctions équivalentes et non pas à la région de Toulon. D'autre part les problèmes fiscaux et financiers sont à résoudre.

L'application du développement durable aux collectivités territoriales, en France, est fort difficile. On trouve plusieurs « freins » qui proviennent des différents niveaux administratifs. Les mesures sont souvent « sectorielles » c'est-à-dire séparées les unes des autres alors que la ville durable suppose des interrelations entre l'environnement,

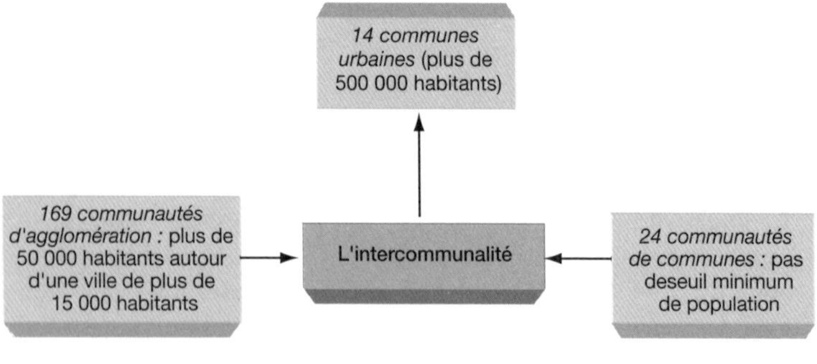

L'intercommunalité en France : une coopération des communes proches

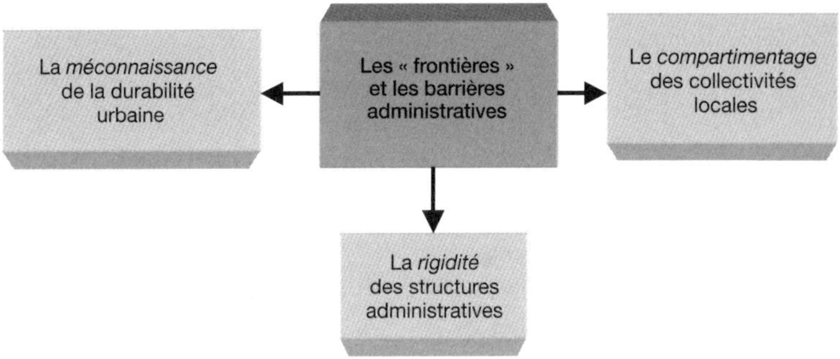

La méconnaissance des interdépendances spatiales

la société, l'économie, etc. On peut, en simplifiant, retenir trois causes importantes de cette ignorance des objectifs de durabilité.

Comme le résume, dans sa conclusion, Christine Voiron-Canicio, dans un article sur « La ville et l'enjeu du développement durable », on considère trop souvent les espaces urbanisés « isolément, soit par négligence, soit par méconnaissance des interdépendances spatiales et fonctionnelles existant avec les territoires voisins » [2005, *developpementdurable. revues.org /document261*].

Autrement dit, en un langage plus simple, on peut dire que les clivages de toutes sortes renforcent les égoïsmes ; le développement durable suppose la connaissance de l'association qui unit désormais tous les espaces.

4.3 Les villes européennes : une prise de conscience des problèmes

Les pays européens surtout depuis les années 1990 ont multiplié les réunions sur les villes durables. À la conférence d'Aalborg, au Danemark, le 27 mai 1994, les participants élaborent une charte qui énonce les actions à entreprendre dans les villes : celles-ci sont en effet désormais le cadre de vie de la majorité des habitants. Pour les signataires de la charte, le développement durable est un « système d'équilibrage novateur au plan social qui touche tous les aspects des processus décisionnels de la collectivité ».

La charte d'Aalborg : les villes européennes et la durabilité

Les représentants des villes européennes déclarent : « nous comprenons qu'aujourd'hui notre mode de vie urbain, et en particulier nos structures [...] nous rendent responsables des nombreux problèmes environnementaux auxquels l'humanité est confrontée. Cela est d'autant plus vrai que 80 % de la population européenne vit dans des zones urbaines. ». L'objectif des villes signataires est « d'intégrer leurs systèmes d'administration et de gestion des économies urbaines dans une demande de durabilité globale ». Après avoir défini les principes de la durabilité, la charte évoque :

– les plans locaux ;
– la négociation comme « méthode de résolution des problèmes » ;
– l'évolution économique durable ;
la justice sociale ;
– l'aménagement durable du territoire ;
– la responsabilité climatique à l'égard du changement climatique mondial ;
– la participation des citoyens et des collectivités ;
– la prévention de l'intoxication des écosystèmes.

Cette charte d'Aalborg conseille aussi aux municipalités de mener trois actions principales :

1) Engager des initiatives politiques pour la création de plans au niveau local.

2) Soutenir les villes qui favorisent la durabilité.

3) Considérer comme une obligation, pour les autorités locales, de soutenir l'Agenda 21.

Des conférences vont se succéder après 1994 : Lisbonne (1996), Hanovre (2000) et « Aalborg + 10 » en 2004. Environ 1 000 personnes sont venues aux réunions. Des engagements seront pris pour fournir des objectifs aux autorités locales afin d'appliquer la Charte d'Aalborg.

Les 10 engagements d'Aalborg

En 2007, s'est tenue à Séville, au mois de mars, une conférence dont l'objet a été de dresser un bilan des actions menées depuis 2004. À cette cinquième réunion, on a compté plus de 1 500 élus et des représentants des collectivités locales. On voit donc bien tous les efforts qui sont fournis, en dépit des difficultés et des critiques, pour construire des villes durables.

Conclusion : « La réhumanisation des villes et la revitalisation des campagnes »

C'est ainsi qu'Edgar Morin résume deux actions désormais indispensables pour renverser la « course au plus » et combattre la pauvreté qui n'est pas uniquement urbaine. Il faut néanmoins toujours rappeler que la ville est un lieu de civilisation indispensable mais elle reflète les problèmes d'une société. Même s'il est difficile de définir une ville, on associe le progrès et le phénomène urbain depuis des millénaires. Les cités apparaissent, entre 3 500 et 1 500 années avant J.-C., en liaison avec les civilisations rurales car la ville se spécialise dans des fonctions religieuses, politiques, administratives. Comme on a pu le dire, à l'origine la ville a répondu à un besoin : « l'installation autour d'un point prédestiné ou commode [...] Si les hommes se sont groupés c'est pour mieux exercer certaines formes d'activité [...] La fonction c'est en quelque sorte la profession exercée par la ville, c'est sa raison d'être ». C'est ainsi, dans un *Traité de géographie urbaine*, que J. Beaujeu Garnier et G. Chabot expliquèrent ce rassemblement des populations sur de faibles espaces. En opposition avec les campagnes, aux activités agricoles, les villes possèdent des fonctions particulières. Aujourd'hui, avec l'urbanisation, avec la « ville éclatée », les activités sont plus complexes et dispersées et les zones rurales ne sont plus toujours des zones agricoles.

L'avenir : deux visions possibles

Fernand Braudel parlait de la ville comme un « espace de domination » : celui-ci a longtemps symbolisé « le prince », la politique, la puissance. La ville, avec ses limites administratives, joue toujours un rôle dans un territoire mais les fonctions urbaines, si souvent décrites par les géographes, évoluent. Les fonctions supérieures, les centres de décisions sont toujours le fait des grandes mégalopoles mais le rapport ville/campagne s'est transformé. On a même parlé d'un effacement de la fracture entre la cité et ses zones rurales : ce qui est inexact. Désormais les pôles communiquent entre eux, instantanément : Paris, New York, Londres, Tokyo, etc. Une commune, située à 50 km d'une grande ville, peut être isolée et ne pas intéresser la métropole. C'est la technique de la mise en relation qui compte désormais : qu'importe si le correspondant est éloigné. Une révolution capitale se traduit par le désir croissant de vivre dans des zones urbaines et la fonction résidentielle devient de plus en plus importante. Des services de haut niveau cherchent aussi de l'espace : c'est le cas des « technopoles à la campagne ». Ainsi, à Nice, dans les Alpes-Maritimes, à la fin des années soixante, un sénateur et des scientifiques ont fondé Sophia Antipolis, une « société de savoir » sur le plateau de Valbonne, au nord-ouest de Nice. On va installer des entreprises fondées sur les technologies de pointe, des grandes écoles, l'université : le tout accompagné d'un centre économique (*Sophia*, en grec veut dire « science, sagesse »).

Bien entendu, il ne s'agit pas, dans ce cas, de la décentralisation d'un centre de décision politique ou administratif. À cet égard les grandes cités gardent toujours le monopole de la puissance. Ainsi Paris, en dehors de son rôle politique et culturel, semble monopoliser les centres de décision économique. Soixante-cinq pour cent des premières entreprises exportatrices françaises ont leur siège dans la capitale et le quart des sièges d'entreprises métropolitaines sont en Île-de-France. Paris est après Londres la deuxième région d'implantation des firmes étrangères.

Pourtant, aujourd'hui, parler de la « ville » ne signifie plus rien car la diversité est complexe. Il se produit de plus en plus, surtout dans les pays les plus riches, une concentration des richesses mais aussi une extension des habitations et des services. Les résidences sont séparées des lieux de travail, des lieux de consommation et de divertissement : c'est « la ville au choix » de Pierre Sansot. Les spécialistes ont de plus en plus de mal à donner des noms aux agglomérations qui peuvent aller de la petite cité de 3 000 à 4 000 habitants jusqu'à l'énorme mégalopole.

On peut avoir deux « visions » de l'avenir en suivant G. Massiah dans son « aventure de la ville » (1990). La première hypothèse est celle des agglomérations énormes, dominant des périphéries désertes ou des pôles très productifs. Une deuxième hypothèse, plus optimiste, envisage de grosses villes mais avec tout un réseau d'agglomérations secondaires et des espaces ruraux développés. Cette deuxième « vision » ne correspond pas, hélas, à la réalité actuelle ! Tout le problème repose sur l'avenir des villes moyennes et des espaces ruraux.

Le drame : la désertion des campagnes ou/et l'étalement résidentiel

Il est faux de dire que l'opposition ville/campagne n'a plus de sens car dans les pays en voie de développement, en Chine intérieure, en Asie en général ou en Afrique, les populations agricoles sont toujours importantes. On sait que les villes offrent, en principe, des services, du travail et permettent de mieux soigner les personnes. Néanmoins la pauvreté, l'exode rural, les déplacements de population sont des phénomènes liés. L'afflux des migrants vers les villes a deux conséquences : la première est la formation, déjà évoquée, de taudis urbains et, la seconde, la misère dans les campagnes délaissées. Dans ce dernier cas, cela ne signifie pas que l'environnement est protégé car il faut vivre ; dans ces zones rurales abandonnées, même en Europe, la population est plus âgée, les services font défaut et l'espace naturel doit fournir de la nourriture. La « course au plus », évoquée par Edgar Morin, se traduit par une hiérarchisation des lieux et à l'abandon des espaces « peu intéressants ». En Chine, environ 18 millions de personnes quittent chaque année les zones rurales pour tenter d'aller en ville…

En Inde, le gouvernement tente aussi, vainement, de freiner cet exode. En Afrique, les populations rurales sont encore très nombreuses mais, contrairement à certaines remarques, trop marquées par des idéologies, les campagnes sont en crise. Certains auteurs se sont même demandés si « on pouvait parler d'exode rural en Afrique ? »… Si la population africaine a triplé, entre 1950 et la fin du XXe siècle, le nombre d'habitants des villes a été multiplié par onze.

Le problème est différent dans des pays développés mais l'urbanisation provoque aussi des crises dans les campagnes. L'extension des villes, à partir de pôles très dynamiques, peut provoquer des effets pervers. Ainsi, en 1966, Jean-Bernard Racine, dans sa thèse, évoquait « L'appropriation du sol rural par les citadins dans les Alpes-Maritimes ». Sur la Côte d'Azur en effet, comme le soulignent aujourd'hui des élus et les associations de défense de l'environnement, on investit les communes rurales de l'arrière-pays pour « y mener une vie urbaine ». L'habitude pavillonnaire, dans ces espaces ruraux fragiles, entraîne un mitage, une disparition de l'agriculture, le besoin de transports et des conséquences écologiques. Celles-ci provoquent la destruction massive des espaces verts. Cette consommation boulimique de sols doit donc être stoppée.

Contrôler et aménager l'urbanisation

Le développement durable des villes suppose la maîtrise de nombreux problèmes. Il faut rappeler que la ville est un système, c'est-à-dire une unité organisée, dans laquelle tous les facteurs sont interdépendants. Changer une architecture ou une usine ou une route provoque des modifications. La ville, pour être transformée, améliorée, doit être étudiée à travers une approche globale. Comme l'avait dit Joël de Rosnay, dans *Le Macroscope*, il faut « réunir pour comprendre » : autrement dit choisir une méthodologie « permettant de rassembler et d'organiser les connaissances en vue d'une plus grande efficacité de l'action ». Ces remarques sont essentielles face à ce que l'on a pu appeler la « folle urbanisation du monde ». Dans les pays en voie de développement, l'urbanisation n'est pas maîtrisée et les habitations surgissent en dehors de toute réglementation ; il faut aussi gérer les héritages, les échecs du passé. Ainsi, en France, les « ratages » des années 1970, avec ces banlieues inhumaines et ces grands immeubles, sont toujours à réparer. La spéculation, les projets prétentieux et irréalistes sont à l'origine de ces erreurs.

Plusieurs façons de voir la ville

Il existe dans chaque pays des cultures locales, des traditions : il faut donc en effet parler « des développements durables » au pluriel. Toutefois les différents acteurs ont une certaine perception de la ville. L'homme politique n'a pas les mêmes représentations que l'architecte ou l'urbaniste. L'entrepreneur, le « marchand » voient dans l'agglomération une source de revenus mais il faut affronter la concurrence. L'écologiste veut préserver l'environnement, en revanche le chercheur élabore des théories et des constructions abstraites. Le citadin, le simple habitant « établit avec son espace des relations de nature topographique ou sentimentale ; il élabore dans sa tête une carte des lieux » : il s'agit de son espace vécu [A. Bailly, 1995]. L'édification de la ville durable doit tenir compte de ses différentes façons de voir. Il faut citer l'écrivain Bill Bryson qui, avec humour, dans un livre remarquable, à son retour aux États-Unis, après vingt années passées en Angleterre, décrit son étonnement en voyant le comportement des citadins : « ils ne veulent pas marcher ». Cette habitude a provoqué, à Laconia, une ville du New Hampshire des problèmes d'aménagement ! « Laconia a dépensé 5 millions de dollars pour créer des zones piétonnes offrant un environnement agréable aux commerces du centre ville. Sur le plan esthétique ce fut une réussite éclatante ». Dans tout le pays, les urbanistes ont salué cet effort mais, « commercialement ce fut un désastre. Contraints de parcourir une centaine de mètres à pied depuis les parkings, les clients ont déserté le centre ville au bénéfice des chancres commerciaux de la périphérie ». Le plus désolant réside dans la destruction de la rue avec ses briques et ses jardinières… Désormais les habitants sont heureux : « on peut se garer juste devant les magasins ». [*American rigolos*, 1998, Payot].

Qui contrôle et qui décide aujourd'hui l'aménagement : tout dépend du pays ! Comme l'indique Jean Seradour « Y-a-t-il encore un pilote ? [...] Dans le tiers-monde on trouve certains pilotes ; dans les pays développés on en trouve d'autres » [*La cité d'aujourd'hui entre rêve et réalité*, 2000, Débats].

En définitive les deux objectifs principaux sont la qualité de vie et la protection de l'environnement. Le troisième Forum urbain mondial de l'ONU s'est tenu à Vancouver : cette ville a choisi un modèle fondé sur l'« éco-densité ». L'objectif retenu par les responsables de l'agglomération est de développer une surface urbaine plus resserrée : aujourd'hui on compte, avec les banlieues, deux millions d'habitants. Il faut donc réduire « l'empreinte écologique » en augmentant la densité urbaine. L'éco-densité ne doit pas empêcher d'aménager des espaces verts dans la ville mais à condition de planifier l'ensemble du système urbain.

Bibliographie

ALLAIN R., 2004, *Morphologie urbaine*, Paris, Armand Colin.

ASHER F., 1995, *Métapoles ou l'avenir des villes*, Paris, Odile Jacob.

BAILLY A., BAUMONT C., HURIOT J.M., SALLEZ A. 1995, *Représenter la ville,* Paris, Economica.

BEAUPUY J.M., 2008, *Bâtir des villes durables*, Yves Michel Ed.

BURGEL G. (Dir.), 1996, *Villes en parallèles*, n° 23, 24.

CHALINE C., 2005, « Les étapes d'une interface complexe entre villes et environnement », dans W.Wackermann (dir.), *Villes et environnement*, Paris, Ellipses.

CORVOL A. (Dir.), 1997, « Une nature pour citadins », *Cahier d'études*, n° 7 CNRS.

DAUPHINÉ A., 2001, *Risques et catastrophes*, Paris, Armand Colin.

MOLES A., ROHMER E., 1998, *Psychosociologie de l'espace*, Paris, L'Harmattan.

PAULET J.P., 2005, *Géographie urbaine*, coll. U., Paris, Armand Colin.

PAULET J.P., 2007, *Les villes et la mer*, Paris, Ellipses.

SASSEN S., 1996, *La ville globale*, Paris, Descartes et Cie.

SINGARAVELOU, 2000, « Les très grandes villes indiennes » in BRUYELLE P. (dir.), *Les très grandes concentrations urbaines*, Paris, SEDES.

TROIN J.F., 2000 *Les métropoles des « Sud »*, Paris, Ellipses.

VELTZ P., 1996, *Mondialisation, villes et territoires, l'économie d'archipel,* Paris, PUF.

Sites Internet

Les recherches sur Internet sont indispensables mais on trouve des documents remarquables et des textes sans intérêt voire faux ou dangereux : il faut bien choisir les mots clés que l'on place dans Google par exemple : en effet, suivant les termes choisis, les articles proposés sont différents. Il y a donc tout un apprentissage du vocabulaire.

Paul Clavel : Les interprétations fonctionnelles et les interprétations symboliques de la ville : *http://www.cybergeo ; presse.fr/culture/claval.htm*

Villes et risques naturels : *http://www.cafe-geo.net/article.php3?id-article=782*

La destruction massive des espaces verts : *http://www.upr-noisy-le-grand.com/article-12286439-6html*

Début du forum urbain mondial Vancouver prône « l'écodensité » : *http://www.ledevoir.com/2006/06/19/111932*

La folle urbanisation du monde : *http://www.lesechos.fr/info/inter/300283825.htm*

Le forum urbain mondial :
http://www.un.org/french/pubs/chronique/2006/numero2/0206p30.htm

Paris, un centre de décisions stratégiques : *http://www.parisdeveloppement.com/simplanta-et-se-developpa/paris-capitale-de-li…*

Vers un tourisme responsable ? : *http://www.eco-sapiens-com/dossier-62-vers-un-tourisme-responsable*

Liste des mégapoles : *http://www.fr.wikipedia.org/wiki/liste-des-m %C3 %A9gapoles*

Évolution de la population des villes de 1900 à 2025 : *http://www.mariendon.free.fr/evolution.htm*

Palmarès des plus grandes villes du monde : *http://www.populationdata.net/palmaresvilles.htp*

Sites Internet

La ville planétaire, horizon de la mondialisation (P. Veltz) : *http://www.Calenda.revues.org/nouvelle2816*

Villes et campagnes : convergences et solidarité (R. Brunet) : *http://www.mgm.fr/*

Charte des villes européennes pour la durabilité - Charte d'Aalborg, 27 mai 1994 : *http://www.ecologie.gouv.fr/IMG/agenda21/textes/aalborg.htm*

Conférence européenne des villes durables ; Séville mars 2007 : *http://www.grandesvilles.org/spip.php?article942*

TABLES

Table des encadrés

Table des figures

Table des tableaux

Table des matières

11008209 - (I) - (3) - OSB 80º - TRB - ACT
Imprimé en Espagne par LIBERDÚPLEX (Barcelone)
Dépôt Légal : Avril 2009